时装设计中的民族元素

Ethnic Elements
in Fashion Design

刘天勇　王培娜　著

U0387804

化学工业出版社
·北京·

本书的作者立足于民族服饰艺术的研究，从设计文化的角度分析民族服饰中蕴含的设计元素，同时分析民族元素在当前国际时尚界的价值和借鉴方法，基于此，本书分三个部分平行展开：第一部分结合作者深入各民族地区实地考察的经历和感受，从民族服饰的款式、图案纹样、工艺技法三个方面来解读民族服饰里的设计元素；第二部分结合作者国外考察经历来分析服装设计中的民族元素；第三部分探讨了将民族元素融入服装设计的思路和方法。本书是作者多年民族服饰艺术研究和教学实践经验的积累，图片也大多是个人第一手资料，观赏性和可读性很强。

本书适合于高等院校服装设计类专业学生使用，也适合服装教育者作教学参考，对于广大艺术设计人员和业余服装设计、服装爱好者来说，也是一本极有价值的参考书。

图书在版编目（CIP）数据

时装设计中的民族元素 / 刘天勇，王培娜著． — 北京：化学工业出版社，2018.1（2024.9重印）
ISBN 978-7-122-30875-7

Ⅰ．①时… Ⅱ．①刘… ②王… Ⅲ．①民族服饰－服装设计－中国 Ⅳ．①TS941.742.8

中国版本图书馆 CIP 数据核字（2017）第 263508 号

责任编辑：蔡洪伟　　　　　　　　文字编辑：谢蓉蓉
责任校对：边　涛　　　　　　　　装帧设计：王晓宇

出版发行：化学工业出版社（北京市东城区青年湖南街 13 号　邮政编码 100011）
印　　装：北京天宇星印刷厂
787mm×1092mm　1/16　印张 13　字数 228 千字　2024 年 9 月北京第 1 版第 2 次印刷

购书咨询：010-64518888（传真：010-64519686）　售后服务：010-64518899
网　　址：http://www.cip.com.cn
凡购买本书，如有缺损质量问题，本社销售中心负责调换。

定　　价：78.00 元　　　　　　　　　　　　　　版权所有　违者必究

序一

对于少数民族的服装，我既没有考察，更没有研究，简直是一窍不通。我觉得少数民族的服装都比较有特色，要是让我穿，肯定既不舒服，也不适应，只是很好看而已。刘天勇却硬让我给她和王培娜编写的书作序，这真是赶鸭子上架。

刘天勇是研究民族服装的专家，做过很多少数民族服装的考察、研究和个案分析，对于民族服装有深入的了解和理解；她很重视民族服装的基本装饰元素、实用元素、工艺元素和信仰元素。这就为当代服装的民族化设计提供了参照。

王培娜没见过真人，但是从很多信息知道她是搞服装设计的专家，做过不少服装设计，举办过几次服装设计专场发布会。设计的服装都以民族的基本元素为依据，在继承的基础上加以了创新。

这两位专家编了一本书，肯定很好看。

研究民族服装的书已经很多，介绍当代服装设计的书也不少，但是，把民族服装与时尚设计联系在一起的研究却少，研究当代服装中的民族元素就更少了。因此，这是一本难能可贵的书。

少数民族的传统服装与当代时尚服装之间存在着极大的差异，有相同的元素，也有不同的元素。相同的元素主要是功能：保护身体、御寒、保暖、防暑、防晒、防风……又有：标识性别、年龄、身份、职业的归属……还有：审美价值、个人志趣、心理倾向……的表露。不同的元素就比较复杂了，包括服装的款式、配置、工艺和文化内涵。仅少数民族传统服装的装饰纹样就有很多值得研究的课题。据说，在传统的织、绣、印、染等装饰纹样中，表现了很多难以解释的内容。这些内容包括各民族的诞生史、迁徙史、演变史；还包括各民族对生命的理解和对生活的歌颂。这些都是专家们的研究内容，也是研究结果。

在这本书里，刘天勇从实地考察得到了一手材料，对上述内容提出了自己的见解，解答了很多如我一样外行的读者所关心的问题。

对于服装的设计，我更是外行，只知道天下有两种服装，一种是实用服装，就是我们每个人都要穿戴的衣服；另一种是展示用的服装，就是在 T 字型舞台上穿用的服装。看了这本书之后，我才明白，这两种服装之间的关系极为密切，既可以互相作用，又可以互为因果；甚至影响到我们的日常生活。

王培娜在书中展示了不少时尚服装的设计，既是设计思想的成果，也是对事业的贡献。这些设计吸收了民族服装的基本传统，并提炼了符合当代审美意识的元素。

在此只是说了几句个人的看法，仅供读者参考。

王连海

中国著名民艺研究专家

中国工艺美术家学会民间工艺美术委员会副主任委员、秘书长

清华大学美术学院教授、研究生导师

序二

我国民族服饰历史悠久，一向以其鲜明丰富的色彩、精湛的工艺、多样的款式，独特的风貌著称于世。民族服饰在大学院校服装设计专业的学习内容中是很重要的一个部分，在服装艺术的承扬和现代服装设计的创作中都展现出独具特色的风采。时尚舞台上，将本国本民族民间传统与现代时尚融合的方式层出不穷，设计师们在设计中充分展现根植于思想深处的民族精神。这些设计师都有一个共同的特点，非常重视从自己民族文化中汲取营养，牢牢地立足传统，用一种时尚、现代的方式来演绎民族思想，以至于在国际时装舞台上占有一片天地。当今我们的高校服装设计教学，也十分注重对传统艺术语言的钻研和运用，注重对民族传统审美意象的凝练和深化表现，在设计探索中寻找从民族服饰传统艺术中汲取灵感的方法。

本书的作者刘天勇曾是我的学生，研究生期间就常到全国各地少数民族地区采风，在不同季节，不同的节日，不怕艰苦深入到一些较为原始的民族山寨，体验当地人的生存状态，深入了解民族服饰的穿戴习俗与审美心理，并做了大量笔记手稿，获得很多珍贵的一手资料，这为她今后研究民族服饰文化打下很好的基础。2005年她从四川美术学院毕业后，在高校从事服装设计教学，仍然利用节假日坚持考察采风，并结合教学做了大量研究实践工作，之后和同事王培娜一起合作，前后出版了多部关于她研究成果的书籍，这些研究成果都是非常有价值的，对其教学、创作探索产生了良好的推动作用。她们这种执着的研究精神强烈体现了当今的青年教师，研究学者所肩负的责任和社会使命，因为不管是现今还是将来，发展趋势还是应立足传统，具有天然多样的民族传统艺术在服装设计过程中，对创作探索可产生很好的推动作用，服装艺术的个性塑造在很大程度上能收到良性影响，推进服装艺术创新的活力。

本书的书稿我看了几遍，很感动，从基础考察研究到实践运用，二位学者都做了很多努力工作，她们在此领域坚持担当重任，并坚持多年，是非常值得推崇的。该书的出版，可喜可贺！

苏永刚

四川美术学院教授

目录

第一部分 衣装遗风
——民族服饰里的设计元素 001

一、一花一世界——民族服饰款式造型篇 002
1. 斜襟衣、对襟衣 002
2. 花样百褶裙 011
3. 开放的肚兜 018
4. 独特的披肩 025
5. 多彩的围腰 032
6. 个性的帽子（头饰）040

二、神秘的图形——民族服饰图案纹样篇 047
1. 民族历程 048
2. 图腾信仰 051
3. 天地万物 064
4. 生殖崇拜 070
5. 吉祥符号 075

三、女性的天空——民族服饰工艺技法篇 081
1. 瑰丽多彩的刺绣 082
2. 朴素大方的印染 099
3. 斑斓厚重的编织 113

第二部分 时尚寻踪
——服装设计中的民族元素 129

一、矛盾的结合体——日本 130
二、时尚浪漫之都——法国巴黎 134
三、艺术的意大利 138
四、个性、民俗、自由的波西米亚 139
1. 波西米亚的含义 139
2. 波西米亚人 139
3. 波西米亚风格服饰的起源和发展 140
4. 服装大师们的波西米亚情结 140
5. 波西米亚式的浪漫与奢华——安娜·苏（Anna Sui）141
五、含蓄优雅的中国 143
六、通过做来学——部分设计作品赏析 146

第三部分　东方之路
——将民族元素融入服装设计

157

一、历史的追问——民族服饰文化的解读

158

1. 民族服饰与生存环境　158

2. 民族服饰与社会角色　162

3. 民族服饰与宗教信仰　166

4. 民族服饰与传统节日　171

二、汲古创新——民族服饰元素的借鉴

173

1. 造型结构的借鉴　173

2. 色彩图案的借鉴　183

3. 工艺技法的借鉴　186

参考文献

197

后记

199

第一部分

衣装遗风

民族服饰里的设计元素

我国的民族服饰一向以其多样的款式、鲜明的色彩、精致的工艺、独特的风貌称著于世。世界上恐怕很难找到第二个像中国这样的国家，在一国的疆域里，在同一时间内，可以出现这样丰富多彩、风格款式迥然各异的民族服饰。在如此纷繁多彩的民族服饰世界里，笔者不可能一一列举说明，在这里，只能选取其中具有代表性的民族服饰作分析介绍，并以笔者亲历田野调查手记为依据，从其历史背景、民俗文化、民族审美的角度来解读，以点代面，去寻找现代服装设计艺术的坐标，这样既可以使读者形成热爱民族服饰艺术的氛围，激发读者的民族自豪感，打上民族服饰艺术审美情趣的烙印，又能让读者感受到民族服饰中蕴含的丰富的设计元素。

一、一花一世界——民族服饰款式造型篇

在各少数民族聚居的大地上，每一种款式如同一朵花，走进少数民族人们生活的地区，就如同走进了一个百花园。在这片百花园里，我们撷取了几朵千百年来都依然盛开怒放的花儿，它们五彩缤纷，争奇斗艳，分别向人们展现了它们各自永恒的魅力。"一花一世界"，我们这一章节里的每一朵"花"，都会给人们带来一个与现代时尚完全不同的感官世界，除了享受视觉上的美感外，还能了解到其中的历史变迁、民俗事象，以此来增强我们对民族服饰的认识和理解。

1. 斜襟衣、对襟衣

"襟"是指衣服的开启交合的地方。《释名·释衣服》："襟，禁也。交于前，所以禁御风寒也。"衣襟线处于人体胸腹前的纵向位置，襟线相交的方式不同，就会形成不同的服装款式。典型的有斜襟（包括大襟）、对襟。

斜襟衣在许多民族中都常用，衣襟线自颌下斜向腋下。襟线右斜的称"右衽"，襟线左斜的称为"左衽"。右衽即衣襟向右掩叠交叉。传说上古时代的黄帝、尧、舜的服装襟形为右衽，唐诗中也有"麻衣右衽皆汉民"的描写。斜襟衣大多领型为交领，领形为长条形，与衣襟相连。领线旁多镶有宽阔的缘边，并常常装饰襕边花纹。交领斜襟的服装历史上使用很广，周秦冠服多为此领式，此后历代沿袭，几乎所有的公服、襕袍、外衫、小衫、宽衫、罗衫、皂衣、中衣等服装都采用这种样式（图1-1）。如今，依然有很多少数民族服饰沿用斜襟交领的样式（图1-2、图1-3）。大襟亦为斜襟，《清稗类钞·服饰类》："俗以右手为大手，因名右襟为大襟。"其造型特点是衣襟开在右边，左边前衣片门襟向右侧掩盖底襟，偏位作弧线或折线处理，纽扣通常配用

盘花扣、葡萄扣、按扣等，沿襟线大多饰有宽阔的装饰图案。传统汉族服装多以大襟为造型特征（图1-4）。后来一直到清代、民国时期，这种大襟右衽的形式依然是汉族服装的基本特征，较多用于马褂、长褂、坎肩、长衫、长袍、旗袍等服装。旗袍在这里需要着重提出，旗袍是由满族妇女旗装长袍演变而来。其原始形制为圆领、大襟右衽、宽腰身，下摆四面开叉。辛亥革命后，旗袍形制有了很大改变，宽松腰身变为紧腰身，袍长也改短，下摆开叉长短不一，但唯独大襟右衽的基本造型还是没有改变，它是20世纪中国女性最为普遍的一种服装，一直到近现代，旗袍作为典型传统民族服装的地位始终没有动摇过。

图1-1　商朝斜襟冠服

图1-2 苗族妇女的斜襟交领衣（贵州台江地区 刘天勇摄）

图1-3 贵州苗族妇女的斜襟交领衣（贵州施洞地区 刘天勇摄）

图1-4 汉族妇女大襟上衣（清末）

除了汉族以外，许多少数民族都穿大襟右衽衣，有蒙、藏、彝、壮、满、普米、土、达斡尔、仫佬、侗、瑶、苗、白、哈尼、土家、羌、撒拉、毛南、鄂温克、景颇、锡伯、裕固、德昂、回、鄂伦春、赫哲、傣、傈僳、畲、高山、拉祜、水、东乡、纳西等三十四个少数民族的部分支系穿大襟式的衣服（图1-5-1～图1-5-5）。

图1-5-1　侗族传统大襟衣（贵州宰岑地区　鲁汉摄）

图1-5-2　摩梭人姑娘身着传统的大襟衫（云南泸沽湖地区　邓楠摄）

图1-5-3　黔西苗族服饰大多以大襟衫为主（贵州毕节地区　刘天勇摄）

图1-5-4 藏族女子的传统大襟衣（杨海勤摄）

图1-5-5 纳西族姑娘身着传统的大襟衣（云南丽江地区 鲁汉摄）

对襟衣也是民族服装中常见的一种款式，其衣襟线在人体正面的中心线位置，前衣襟面左右衣片对齐，不重叠，无叠门，用纽扣或带子系结，是一种对称型的衣襟。穿着很方便。穿此类款式衣服的民族有汉、苗、彝、基诺、壮、布依、白、撒拉、京、纳西、高山、佤、黎、侗、壮、珞巴、瑶、哈尼、土、仡佬、土家、毛南、畲、水、东乡、景颇、柯尔克孜、保安、阿昌、回、傣、哈萨克、佤、仫佬三十四个民族的部分支系。（图1-6-1～图1-6-3）

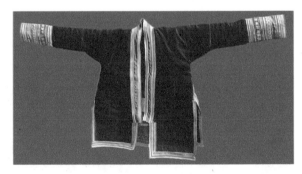

图1-6-1 苗族传统对襟衣（黔东南卡寨 刘天勇摄）

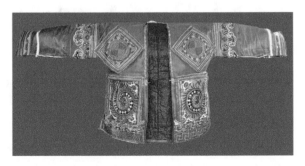

图1-6-2 苗族传统对襟衣（榕江平永 刘天勇摄）

图1-6-3 彝族传统对襟衣（刘天勇摄）

　　不管斜襟衣还是对襟衣，都有盛装和常装之分。盛装是用于盛大节日活动和嫁娶时候穿戴的服饰，装饰隆重而繁复，故色彩艳丽、配饰繁多、雍容华贵。常装是平日劳作时候的家常服饰，方便而简单，色彩一般较朴素、深暗，装饰很少。与盛装相比，常装远不如一件装饰过的盛装能给人以强烈的遵循传统的印象。苗族服饰种类繁多，但上衣基本形制为斜襟或对襟，笔者通过参加黔东南苗族侗族自治州的老屯乡苗族传统节日亲身感受到了传统的斜襟款式在该民族的地位和影响力。

田野调查之一：贵州省台江县老屯乡苗家

　　苗族是一个历史悠久的民族，其服饰千姿百态、绚丽多彩，大约有一百多种服饰。由于苗族人们大多居住在山区，至今服饰的形制保持得比较完好。2004年春，我与同伴两人赴黔东南苗族地区进行了一次服饰文化调查。4月30日，我们在台江县一大早就看到很多人提着鸡、挑着菜，每个人脸上都喜气洋洋的，一打听是要去附近的老屯乡过节，能赶上苗家人过节，这让我们有些喜出望外，老屯乡是一个在地图上也找不到的村寨，确定它作为调查地区还真是有偶然性。我们知道，要想看到苗族服饰最原始的形态，必须到远离城市的村寨里去寻找。老屯乡位于黔东南苗族侗族自治州中部，是苗族人口聚居地之一。境内山高谷深，河沟纵横，素有"九山半水半分田"之称，是典型的"远、边、山、穷"乡，也因为此，民风才会比经济发达的地区保存得更完好。

我们跟随当地老乡，上了一辆小面包车，车子沿着弯弯曲曲的小路向前行驶，路边秀美的景色不时地从车窗闪过，我们一路饱览美景，很快就来到了老屯乡，刚走进村口，急着寻找当地苗族服饰的我们沿路拐进了路边一户苗家，屋里屋外几个着常装的妇女正在忙，她们身上穿的衣服是当地苗族的传统款式，大襟右衽，色彩朴素，没有装饰。见我们来，热情地招呼我们吃"姊妹饭"，这是一种用黄、红、白几色糯米蒸制出来的米饭，彩色的是用树叶熬成的，吃到嘴里黏黏的，极其香甜。原来，我们恰逢当地苗族隆重的节日——"姊妹节"，关于"姊妹节"有这么一个美丽的传说，很久以前，清水江畔的几个苗族姑娘邀约去野外开垦荒地，获得丰收，个个因喜悦而不舍得离开，但一晃几年后，她们都成了大姑娘却没找到如意郎君，于是她们想了个办法：用山上"岛良"树的黄花蒸煮成彩色糯米饭，传扬出去，说是吃了这种糯米饭，可防蚊虫叮咬。于是招来了成群后生，一起吃姊妹饭。姑娘们在彩色糯米饭里放上一些叶物，暗示情意。不久，姑娘都找到了可心的小伙子。这个方式传下来，就形成了"姊妹节"吃"姊妹饭"的习俗。"姊妹节"这一天里四方的亲戚朋友都会赶来凑凑热闹，参加踩鼓、跳芦笙、赛马、游方等传统活动，各家也会拿出传统佳肴，自酿的米酒，五彩姊妹饭，盛情款待远方来赶节的朋友客人。主人告诉我们，"姊妹节"（每年农历的三月十五）还是苗族男女谈情说爱的盛会，未婚的姑娘们在这几天要以最隆重的方式装扮自己，她们要换下平日的常装，穿上装饰得相当繁复、精致的盛装来参加各种活动。苗族男女青年还会成双成对尽情对唱情歌，用歌声传情，用舞蹈助兴。"月儿圆圆亮堂堂，说声爱哥口难张，明晨送哥姊妹饭，妹的心思饭里藏……"这首苗族情歌正是"姊妹节"青年男女倾诉爱情的真实写照。

主人家最小的女儿刚满十八岁，是一个胖胖的女孩，相貌平平，因为读过书的缘故，待人接物落落大方。午饭过后，一家人便围着她打扮起来。一个多小时的装扮，女孩的姐姐作为助手始终全程忙活，我们有幸参观了女孩着盛装的全过程：装扮先从头部进行，女孩的长发（加入自己平时剪下来的长发）由姐姐帮忙被束在头顶，挽成一个高高的发髻，再围绕前额部紧紧缠上一圈红色的织花带，系结于脑后。接下来是穿裙子，老屯的百褶裙略长过膝，裙身分为三段，中间段较长，约30厘米，裙腰部分与最下端裙摆部分都大约长15厘米，整条百褶裙呈黑紫色，只是在裙子最下段镶有一紫色细条状装饰。腰部系好裙子后随即穿上衣。上衣非常沉重，是由女孩的母亲和姐姐一起抬过来，女孩穿上后，我们发现沉重的秘密就在于衣身上布满了刺绣和银片，装饰极其繁复。这还不算，母亲还给女孩胸前戴上了三层银项圈，而后，母亲踩在一个小木凳上，在女儿头上那块织花带外围系上一条缀满银泡的饰带，姐姐递来银簪、银梳、银插花，一一戴好后，最后在头顶安插上一个宽约30厘米，高约35厘米的大银冠，整个过程花了一个多小时，看得我们眼花缭乱，啧啧称奇，这不，我们眼前出现了一位美女，在银光闪闪的环佩中灿烂地绽放着，布满红色刺绣图案的苗衣中裹出了一位超凡脱俗的少女，让人简直无法与刚才在饭桌上的那位女孩联系起来。

走近仔细观看，她身着这件刺绣精美、缀满银饰的沉重上衣是最具特色的部分，上衣的基本款式为斜襟、交领、右衽、宽大筒袖，从刺绣装饰的整体布局来看，基本保持了服装原有的分割关系及外轮廓形态，刺绣装饰主要集中在衣领、胸襟、肩及衣袖。衣领与胸襟部分在结构上就是相连的一个整体，刺绣图案顺沿着整个衣领及胸襟的边缘部分进行装饰，宽大的衣袖与衣肩的结合处有一个长方形图案装饰，衣袖外侧还装饰了两块面积不同的绣片，两块绣片之间还间隔几何纹样的花带。刺绣在衣袖这部分的面积大而厚重，有意识地强调了衣袖的宽大和向两侧扩展的特征。银饰在遵循服装传统结构的基础上更加强调和夸张了其传统造型特征：盛装上衣的衣袖口、肩部前后襟结合处、衣领处等重要结构点上，装饰着较醒目的银泡（一种极薄的，表面凸起的圆形银饰）；前襟和后背是银饰装饰的重点，左前襟上右高左低整齐排列的三排银片，银泡以及下摆垂钓的银片，充分显示了这套服装在造型上的不对称关系和倾斜效果；衣袖外侧两块袖腰花位置略靠下，且与衣袖底色形成极强的明度对比，也夸大了服装低肩、宽袖的特征（图1-7、图1-8）。

　　盛装之下的她抿着嘴含蓄而庄重地微笑着，缓缓走向早已热闹非凡的芦笙场，与前来参加"姊妹节"的其他盛装姑娘们一起汇入场中，场中心有两位表情严肃的苗族妇女手执鼓槌，正有节奏地敲击着一面红色的木鼓，盛装的姑娘们绕鼓围成一个大圆圈旋转舞蹈，她们微笑着踏着节奏，跟随鼓点变换舞步，周围的人群在外层也围成第二个同心圆，芦笙场上鼓声点点，热闹非凡。这里仿佛一个引力强大的场，统一的节奏，整齐如一的步伐，闪闪的银冠银衣，红色鲜艳的衣袖花纹都在此汇集，让每一个盛装的舞蹈者以及我们这些观众都充满激情地融入其中，直至酣畅淋漓（图1-9）……

图1-8　苗族姑娘后背的装饰（贵州老屯乡　刘天勇摄）

图1-7　银饰的装饰在遵循服装传统结构的基础上更加强调和夸张了其传统造型特征（贵州老屯乡　刘天勇摄）

图1-9　"姊妹节"上盛装的苗族姑娘们（贵州台江地区　刘天勇摄）

"中国民族服饰之所以能历经几百年而保持传统，虽经时代变迁、文化传承，其独特的款式大体不变，其因素固然很多，但重要的原因之一，则是依仗了纷繁的传统民间节日的凝聚和传延。"❶ 从古至今，盛装总是出现在苗族人的古老节日、婚嫁仪式中，它作为民族文化中非常重要的内容而存在和传承。苗族的常装和盛装款式在装饰的不同情况下，产生了视觉上乃至心理上强烈的震撼力，也就是盛装繁复的装饰更大程度地强调了传统造型形式，在特殊场合更能体现民族传统仪式的庄重性和权威性。如此看来，老屯乡苗族女子由于着力展示其传统服装，通过强调装饰，而增加了盛装所包含的传统要素，并且以各种方式突出了这些要素。比如，大量使用的刺绣和银饰在盛装上表现了一种显著的夸张意向，通过面积、色彩及质感对比，强调了这套服装典型的传统造型特征。如此隆重的传统款式在该民族传统的节日里更加增强了一个民族的传统气氛，在这里，刺绣和银饰的装饰作用是不可低估的。装饰的出现突破了服装原型的意境空间，使人们获得更多的信息传达，也为单薄的视觉提供更多情趣与想象。从设计的角度来看，也是民族风格的强烈体现。

总的来说，盛装与常装的不同就是在服装的结构处，添加刺绣纹样，或饰以银片，添加的装饰并未使服装造型改变，即使去掉装饰也不影响识别，反而强化了结构，强调了传统，捕获了视觉，理解这种设计形式，对现代服装设计的装饰变化有着很好的参考意义。

大襟衣、对襟衣这种款式有着源远流长的历史，并且在几十个民族中广泛流传至今，属于我国民族服装的基本款，也具备代表性。目前国内甚至国际的T型台上，在民族风格的时装展示中，经常能见到大襟衣、对襟衣的影子，但作为民族元素之一，它已经被注入了现代设计理念，幻化为时尚霓裳。

2. 花样百褶裙

百褶裙在我国已经有一千多年历史了，据汉代伶玄《赵飞燕外传》书载：西汉汉成帝时期，宫人赵飞燕被立为皇后。有一次，她穿着一条云英紫裙，与成帝同游太液池，在鼓乐声中翩翩起舞的时候，忽然一阵大风吹来，飞燕扬袖曰："仙乎，仙乎"，裙子好像燕子一样被吹了起来，汉成帝忙命侍从拉住她的裙子，裙子被拉出许多皱纹，成帝反而觉得有皱纹的裙子比原来没有皱纹时更好看。于是，这种有皱纹的裙子开始迅速流

---

❶ 戴平. 中国民族服饰文化研究. 上海：上海人民出版社，2000：434.

行，官女们都把裙子折叠出许多皱纹后再穿出来，并把这种裙子称为"留仙裙"，也就是现代人称的"百褶裙"。明清时期百褶裙非常流行，一直延续到民国时期，青布短衫搭配百褶裙就是当时青年女子最流行的服饰。现代百褶裙是一种褶裥多而密的裙子，每个褶距在2～4厘米之间，少则数百褶，多则上千褶，实际上百褶是虚数，形容多。

民间传统百褶裙有很多种，有蜡染百褶裙（图1-10）、绣花百褶裙（图1-11）、素色百褶裙等。百褶裙不仅汉族人喜欢穿，我国南方很多少数民族对百褶裙更是情有独钟，如苗族、侗族、纳西族、彝族、傈僳族、布依族、仡佬族等（图1-12-1、图1-12-2、图1-13）。四川凉山州傈僳族百褶裙的来历，相传是仿自雨伞。传说有个青年猎手有一次套住了一只狐狸，原来是天神的女儿变的。他俩结了婚。可是狐女只有狐皮，一直找不到一件合心的衣裳，一天狐女悄悄上山，想找件满意的衣裳。猎人回家不见了妻子，急忙带伞冒雨上山寻找，找到妻子后，他把伞骨拉掉，把伞衣给妻子当裙子穿上。这伞裙就是傈僳族女子喜欢的百褶裙。相似的传说（以伞为裙）在云南彝族中也有。苗族妇女更是喜欢穿装饰有漂亮花纹的百褶裙，苗歌里有唱道"榜留去游方，穿的花花衣，围的花花裙，花衣合身材，褶裙密又匀。"关于她们的百褶裙也有一段传说，古时苗山的一个洞子里住着一个猴子精，时常到苗寨抢漂亮姑娘，后来姑娘得仙人指点

图1-10　贵州蜡染百褶裙（刘天勇摄）

逃了出来，走出森林时，衣裤皆破，无奈只好用带着的一把伞的伞衣来遮蔽身体，后来被其他姑娘们仿制成了百褶裙。苗族中有一支系，妇女的百褶裙长度不及膝盖，有的书中据其着衣特点称"短裙苗"，清代《百苗图》中就有对这种超短百褶裙的描绘。笔者考察过其中一种着超短裙的苗族，当地女子以穿着多层极短的百褶裙为美，盛装出场时，能多达六十层。层层叠叠的百褶裙裹在腰间，形成高高翘起的花朵一般的造型，让人惊叹不已。

图1-11　绣花百褶裙展开图（贵州黄平地区　刘天勇摄）

图1-12-1　贵州老马寨西族女子百褶裙（刘天勇摄）

图1-12-2 贵州平永苗族百褶裙（刘天勇摄）

图1-13 彝族百褶裙（四川西昌 刘天勇摄）

田野调查之二：贵州省郎洞苗寨

我们在贵州采风的这些天，听房东讲，在郎洞附近的苗寨，有一个著名的短裙苗，那里的百褶裙长不及膝，是真正的超短裙，我们一听自然心向神往了，2004年5月4日，我们一大早就赶往郎洞。一路的青山绿水，直叫人心醉。下午时分来到一处四面群山环绕的村落，看到有许多独具特色的吊脚木楼，吊脚楼层层叠叠，鳞次栉比，它们依着山势，逶迤向上展开，古老而又壮观。

一进村口，就看到几个戴着尖尖的帽子、身着蓝色短衫的妇女正在路旁地里劳作，她们没穿我们期望的超短裙，但裤脚都挽得高高的，露着两条健壮的大腿，看到我们她们很高兴的样子，我忙上前打听短裙苗，无奈语言不通，她们叽里咕噜地说着，指着村里。看来这个村寨很古老，汉语普通话在此地发挥不了作用，我开始遗憾怎么没事先学习几句苗语。我们估计应该进村里才看得到超短裙，于是与她们挥挥手继续前行。

村里静悄悄的，估计男人们都在外劳作，一路上偶尔遇到一两个小孩嬉笑打闹。我们顺着小路来到一幢破旧的吊脚楼前，两个同样戴着尖尖帽的妇女正坐在美人靠（苗族建筑里用于休息、聊天的长廊）前向我们招手，她们的热情令我们无法拒绝，但两位妇女依然不是很懂汉语，我们艰难地交流着，勉强打听出她们果然是属于"短裙苗"，在我们的请求下，她们进里屋拿出短裙给我们看，这是一条长度很短，但宽度很长的百褶裙，一时难以想象该怎么穿，穿上会是什么效果。她们穿上裙子，裙子绕着腰部围了三圈，裙边层叠并向外微微上翘伸展开，长度刚好包住臀部，前身腰部配有一片绣有精致图案的长围裙。在如此古老的山寨中，有这样"现代感"极强的服饰的确令人感叹（图1-14）。然而两位妇女很害羞，还没等我们欣赏完毕就匆匆离去，她们爬上旁边的山坡，远远看去，只看到短裙随着脚步的动作在衣摆处晃动，给沉稳色调的服饰增添了许多动感。

好在对面坡上的阳光下，出现了一位俊俏的少女，背着一个小孩儿，正与身边一位正在绣花的妇女谈笑着，少女清纯可爱，白白的皮肤，露着怯怯的笑。我们上前搭话，她懂汉语也会说汉语，所以很快就交流起来，她告诉我们，短裙的确是她们寨子的传统服饰，现在村里平日不穿短裙，遇到重大节日活动才会隆重地穿出来。女孩叫我们稍等会儿，过了许久，我们面前出现了一位端庄美丽的少女，我们都被这种古朴独特的服饰吸引了，她头戴尖尖的帽子，上身为大襟右衽衣衫，衣衫袖较宽

图1-14　穿超短百褶裙的两位苗族妇女（刘天勇摄）

松，因为面料硬挺的原因，袖型向身体两侧外自然伸展开，袖口处向上翻卷出15厘米的宽度，露出里料。下着刚遮及臀部的短裙，前身腰部还配有一片绣有精致图案的长长的围裙，所以从前面看不出裸露的双腿。我们发现，原来短裙苗服饰是这样的美丽，短裙向上翘着，层层叠叠，像倒垂的盛开的花儿。从另一个角度看又很像中国传统建筑物的屋脊。走近一看，短裙是由六层百褶裙围绕腰部盘起来的，盘的层数多才出现这种效果——硬朗并向上翘起，每一层都像一层花瓣，层层叠叠地盛开着（图1-15、图1-16）。我们突然想到，刚才那两位妇女只穿了两层，层数太少，当然就翘不起来。少女告诉我们，穿短裙太费时，层数的多少决定短裙的数量，层数多的，要穿上好几条短裙，她们平时穿2~3条，正式场合着盛装出场，可以穿7~8条，多达几十层，怪不得刚才我们等待了那么久（图1-17）。

图1-16 短裙向上翘着，层层叠叠，像倒垂的盛开的花儿（刘天勇摄）

图1-15 短裙苗的服饰造型（刘天勇摄）

图1-17 短裙是由六层百褶裙围绕腰部盘起来的（刘天勇摄）

为了解服饰的结构和穿着过程，笔者也穿上了她们的服饰，感到的确很费时，首先要穿的就是这条百褶超短裙，裙腰为臀围度的1倍，可绕体两圈。女孩帮忙，绕着我的腰一层层裹起来，一边裹，一边整理下摆的造型，造型不好看还得拆掉从头再来，最后完成用布带固定系结在腰间。穿衣服并不难，衣服是传统的圆领大襟衣，滚边、铜扣。衣服盖在裙子面上，遮住了大部分，只露出边缘。然后女孩拿来一块花格纹布，叠成长条状作为腰带给我松松地围在腰间，接头处自然地插入里层。而后再在前身系上一块围裙，同样松松地系在腰间。最后整理发型，将头发全部束结在头顶后盘成一个发髻，再戴帽子，所谓"帽子"，就是用一块方形土织布绕头一周，像包粽子一样，将发髻包在里面，布的外部造型呈三角形，在头顶包出尖尖的造型，再用一根织花带绕头围打结固定，多余出的布让它自然地披在后背——这样一身打扮下来，除了脚上的鞋子，让我有种返璞归真的感觉。此刻，我拉着女孩的手站在这古老的山寨中，仿佛成了大自然的一部分……

"短裙苗"是苗族的一个支系，我们惊讶于这个民族的独特审美和超凡的想象力，能把普通的棉布材料做成肌理感极强的百褶裙，还能把一种看似简单的裙子穿出如此独特的效果，给人体重新塑型，创造了一个完全有别于其他民族的服饰造型。进而，从原理上来分析，百褶裙上的"褶"也就是运用了一种定型工艺手法，即用针在面料上缝，再收缩线迹形成一道道细细的褶子。通常情况下，穿着单层的百褶裙，站立时褶子是半闭或全闭状态，走动的时候，褶子会随着步伐或开或闭，形成丰富多变的视觉效果；而当穿着多层百褶裙时，会塑造出向周围扩张的造型，层数越多，显得越有厚重感和体积感。说明"褶"能将本是平面效果的面料改变成具立体肌理效果的面料，在改变面料外观的同时，还能更大程度发挥面料的可塑性。充分说明多层叠穿的超短百褶裙有裙撑一样的造型效果。各民族中有如此多样的百褶裙，除了她们具有独特的审美和受本民族文化影响（前面提到过的有各种图案纹样的百褶裙）外，跟她们能抓住"褶"的这些原理是分不开的。日本著名服装设计大师三宅一生的成名作品中，就大量运用了这种表现形式，他充分发挥了面料的可塑性来表现一种褶皱美，成为服装史上的经典之作。

图1-18 衣摆处的细节处理（刘天勇摄）

另外，短裙苗值得我们探讨的是，她们上身的衣衫长度不算太短，前后衣摆都能遮及短裙摆边，但仔细观察，衣衫底摆线不是平直的，从前后中心向两侧上方倾斜，衣衫两侧侧缝处，前后衣片各有一片三角形的分割，穿上褶裙后，衣衫两侧处下摆在褶裙往上10厘米处，给裙子留出了10厘米左右的长度，能很清楚地看到短裙的褶皱质感和造型（图1-18）。这些细节不由得让我们感叹不已，因为这样的设计方式既考虑了服装的大关系——比例美（长与短的搭配），又兼顾了服装的细节造型——三角形的分割既美观又实用。从现代审美角度来说，短裙苗的服饰造型是非常时尚而大胆的，符合现代人的审美。

综上所述，百褶裙作为民族服饰里的设计元素之一，我们对其造型原理和与相应服饰的组合搭配进行分析和探讨，能使设计师在设计时具有更多的构形选择和创意空间，具有现实的借鉴价值与应用意义。

3. 开放的肚兜

肚兜在民间指一种贴身穿的内衣，面料柔软，用于遮盖前胸和肚子，主要是女子和小孩儿使用。肚兜造型大多为菱形，上端裁成平形，形成两角，上端用一根带子挂于脖子上，两侧的带子则系于后腰。肚兜上常绣有各种传统的吉祥图案纹样，趣味古朴稚拙。小孩肚兜一般绣虎，有避灾之寓，妇女肚兜一般绣白蝶穿花、鸳鸯戏莲、连生贵子等图案，反映出对美好生活的向往。我国民间用肚兜的历史较长，明清时期更盛行，近代以来，还在中原以及陕北一带民间流行。张晓凌《中国民间美术全集·服饰卷》："肚兜，在陕北一带服者甚众，红兜肚几乎成了陕北人服饰的象征……许多学者认为，兜肚是最古的服饰，其原始形状是蛙的肢体的自然展开……可以认为，它是女娲氏留给她的后代的第一件衣服，其作用一可保护肚脐免受风寒；二可遮盖人之羞耻，至今，关中人从生到死，一直穿戴着兜肚。"旧俗五月初五端阳节，民间多为儿童缝制"五毒肚兜"或"老虎肚兜"，以避瘟病，保安康（图1-19-1、图1-19-2）。农村又以肚兜寄托情谊，定情者常赠以肚兜，以示亲密无隙。

在一定的文化背景中，肚兜不仅仅是肚兜，其中还包蕴着丰富的内涵。据有关资料介绍，新生儿问世，我国许多地方都有给婴儿系红肚兜的民俗。一块大红的、绣有吉

图1-19-1　山西老肚兜（鲁汉摄）

图1-19-2　民间五毒肚兜

祥纹样的肚兜，虽然只是最简单的一块布、两根带组成的服饰形态，但是其中包含的文明因子却有许多，它意味着一种文化的传播和接受的开始（图1-20）。比如：一种造型观的传承，肚兜的服饰造型简洁、美观、大方，还能满足作为服饰的基本功能需要，加之肚兜上的吉祥图案纹样造型，这都代表着民族装饰艺术的一种样式；一种造物观的传承，经过纺、

图1-20　婴儿红肚兜 甘肃庆阳（鲁汉摄）

织、染、绣、缝等多种工艺做成的肚兜传给孩子的一种民族独有的造物文化，由此而使他进入一种民族文化的氛围；一种吉祥观的传承，肚兜上通常绣有"虎除五毒""连生贵子""凤穿牡丹"等这类吉祥纹样，是人们对于幸福、人生、自然、命运的一种诠释方式，这些观念的内涵通过肚兜这种服饰传递给孩子，当然不是说孩子在朝夕之间就可以理解和接受了的，但这是一个耳濡目染、潜移默化的过程。由此，要说明的就是，民族服饰中包蕴的文化内涵，是不能脱离特定的民族文化背景来理解的（图1-21-1、图1-21-2、图1-22、图1-23）。

肚兜作为女性贴身的服饰，隐秘性是其特点，而在我国西南山区的侗族妇女们却能将肚兜（有的资料上称围兜、胸兜、胸围）大方地展现在人面前，如此开放之举，的确令人惊讶。

图1-21-1　甘肃庆阳刺绣肚兜（鲁汉摄）

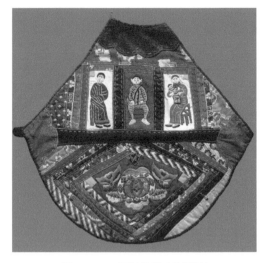

图1-21-2　百衲肚兜（鲁汉摄）

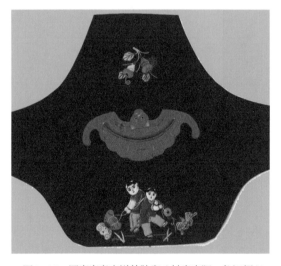

图1-22　图案寓意吉祥的肚兜（甘肃庆阳　鲁汉摄）

图1-23　苗族清代鲤鱼跳龙门肚兜（鲁汉摄）

田野调查之三：贵州省从江县增冲侗寨

　　2004年5月初，我们在黔东南考察已有一周了，走访了多个苗寨，脑海里不断晃动着苗族丰富多彩的服饰，乘着兴致，我们决定南下去看看向往已久的"天下第一侗寨"——增冲侗寨。说到侗寨，一定会提到鼓楼，鼓楼是侗族地区最具代表性的建筑物，凡侗族人们聚居的地方，几乎都建有鼓楼，鼓楼在侗族人的生活中起到重要的作用，既是侗家集会仪事的政治中心，又是人们祭拜、休息和进行娱乐活动的场所。而增冲鼓楼是贵州省历史最悠久、规模最大、保存最完好的侗家鼓楼，也是全国现存最古老的鼓楼。

我们坐了一天的车，到增冲已近22点了，下车后，一路摸黑（山路，没有路灯，伸手不见五指。）进了寨子，寨子里有星火闪烁，迎面走来几位当地人，热情地将我们迎进屋，我们一看见她们的服饰，之前的疲劳顿时消失了，侗族服饰和苗族服饰差异很大，打扮古朴素静，让人赏心悦目，由于前几天一直畅翔于纷繁复杂的苗族服饰里，眼花缭乱，如今一见到别具一格的侗族服饰，有种"别有洞天"的感觉。当晚在村长家安排夜宵并住下，虽然夜深了，人也很疲乏，但我还是抑制不住激动的心情，拉着几位侗族姑娘的手，细细观看她们的服饰，昏暗的灯光下，她们的衣服颜色不是很明确，但造型很清晰：有两种造型，一种是大襟右衽衣，衣袖细小，领襟和袖口处均饰有花边，下着长裤；另一种是对襟衣，不系扣，中间敞开，露出里面的绣花围兜，下着长裤。当晚我们问了几个问题，她们围着我们叽叽喳喳地说着话，可是语言的差异，我们听得云里雾里，直到第二天，我们像蝴蝶留恋花丛一样，在寨子里走访了一天，才基本了解了她们的服饰。

增冲地区地处亚热带，常年气候炎热，冬夏服饰有明显的区别。我们到当地是五月初，早晚凉快，午后较热，属于初夏季节。妇女们有的着秋装，有的已换上了夏装，这就是为什么昨晚我们看到她们有两种服饰造型的原因。

增冲侗族妇女的夏装，头上束发挽髻，插木梳，配以少许银簪或银花，戴环状银耳环。上衣为自制的亮布（一种深紫色闪光的手工布）或者普通棉布，属于对襟衣，衣襟领口处绣有五厘米宽的装饰花边带，两襟相对敞开穿，相距10厘米；胸前内系菱形围兜，就像大号的小孩肚兜，围兜色彩艳丽明快；在围兜的上方衣领处，饰有对称形的三角绣花图案（当地人叫"噶愿"，指专门刺绣的这两方三角布），刺绣纹样多为花朵的变形图案。围兜的下端拼接一块较宽的围布，占据整个围兜三分之一的面积，围布处色彩与中间胸腰处的色彩对比鲜明；通常围兜略长于衣，穿时露出衣外，在衣襟下端露出围兜的尖角。围兜上端有两根织花带，各从颈的一侧向后垂于上衣外，长及后颈下25厘米处，系在一个由S形相连

图1-24　侗族女子平时衣着露出绣花胸兜（贵州增冲 刘天勇摄）

接的双圆形银饰上，既起固定围兜的作用，又是上衣后背重要的装饰。衣袖细小，几乎紧贴手臂，袖口有几条彩色布边和小面积刺绣细条花边作装饰。衣身侧缝线处开叉，叉高约20厘米，侧缝处还有几段彩色丝绣包缝条，细节精致而美观。手戴银手镯，下身穿黑布长裤（盛装时为黑色百褶裙，长及膝盖处，裹绑腿）。整个打扮古朴素静，端庄又潇洒，特别是行走时，上衣线条垂沉又飘举，围兜贴体又劲摆，形成侗族女子特有的风度（图1-24～图1-26）。

　　增冲侗族妇女的秋装，发式不变，上衣款式为大襟右衽，胸前开襟处有7厘米宽的几条彩色刺绣纹样。衣袖细小，袖口处有几条刺绣纹样装饰。上身较重要的是系在腰间的围腰，总长度与下端衣摆齐平。正前方看，围腰有四组长至下摆的皱褶，质地与上衣一致，通常为亮布，腰带很宽，约12厘米的宽度，腰带两侧各有几条绣花纹样，绕向后背系结。下身也是穿黑布长裤（盛装时亦为长及膝盖处的黑色百褶裙，裹绑腿）。整套服饰简练端庄、古色古香（图1-27）。

　　增冲侗寨山水秀丽，村寨依山傍水而建，增冲鼓楼立于增冲寨子中央，一条清澈的小溪绕寨流过，水流在寨中纵横交错，每天都有许多侗族女子在溪边梳头、洗衣、嬉戏，构成了一幅动人的民族田园风光。一天的采风下来，傍晚我们和淳朴的乡亲们一起坐在鼓楼大厅的靠背长椅上，观赏热情奔放的侗族歌蹈，听着著名的侗族大歌（是一种中外民乐罕见的"众低独高"集体演唱的歌，大歌结构严谨，有固定曲式，歌声悦耳动听），气氛非常热烈，身着漂亮服饰的侗家姑娘为我们敬上醇香的当地自酿米酒。在一阵阵甜甜的侗家祝酒歌的感染下，我们醉意朦胧，飘然若仙，完全融进这古朴的侗族历史民俗文化之中了。

图1-25 身着色彩艳丽的围兜的侗族妇女（刘天勇摄）

图1-26 围兜露出衣外（增冲侗寨 刘天勇摄）

图1-27 秋装与夏装，肚兜主要是侗族夏装的主要组成部分（贵州增冲 鲁汉摄）

与其他民族相比较而言，增冲侗族女子的肚兜既具备作为内衣的功能——遮蔽和保护胸、腹，又具备作为外衣的功能——与敞开的对襟上衣搭配而露出胸前精致的刺绣纹样以及下摆的三角造型，还体现出内外衣服饰和谐搭配的美感，同时这个肚兜作为服饰的一个组成部分，视觉上完善了整套服饰的造型，形成了侗族服饰其中一种类型的特色造型。由此，我们不能不说它取得了一举三得的效果。这里还有个细节特别值得注意：侗族女子都把颈部系肚兜的带子系结到了外衣面上，并用一个S形的银饰来连接（当地叫"银兜坠"，由一根筷子粗的圆银条盘绕而成。

图1-28　后背的银饰起到固定肚兜的作用，也有着独特的装饰效果（刘天勇摄）

图1-29　侗族肚兜

约一个手掌大小），虽然目的是固定围兜，而事实上更多的是美化了服饰，在不破坏整体造型的基础上，丰富了后背的视觉效果（图1-28）。一个小小的细节设计，传递出侗族人独特的审美情趣，从现代服装设计的角度来说，这也是一种内衣外穿的成功典范，值得学习借鉴。

另外，就肚兜的结构来看，我国传统肚兜均为菱形，所有图案纹样都在菱形中心部分完成。增冲侗族女子的肚兜下端部分表现出了一种新颖的结构设计，即进行了巧妙的分割处理——大菱形内有小菱形，就是前面提到过的那块拼接的围布，视觉上它占据了整个肚兜三分之一的面积，并用与中间部分相比对比效果强烈的色彩，色彩丰富的图案仅集中在肚兜的上端，视觉效果强烈，呈跳跃状。此肚兜与结构简单、装饰简洁的对襟上衣相搭配，相得益彰，这也是民族审美的完美表现。更显现了侗族人们对形式美的独特理解与诠释。

此外，除贵州增冲侗寨的女子穿这种肚兜外，广西三江地区的侗族也穿类似的肚兜，其他少数民族，如云南基诺族、贵州榕江地区的苗族、广西壮族女子也有肚兜，穿着表现方式也同样有着独特的韵味（图1-29、图1-30）。

图1-30　装饰工艺精美的肚兜，露出衣外（榕江平水区苗族女装）

4. 独特的披肩

　　披肩是指披搭在肩、背处的服饰，也是民间常见的一种服饰。从出土文物中观察得知，早在战国时期，我国民间已有披肩的习俗。河南洛阳金村战国墓出土的铜人，肩部就搭以披肩。五代以后，披肩被制成如意头式，前后左右各饰一硕大的云头，寓"四合如意"的意思，因形得名，俗称"云肩"。敦煌莫高窟元代壁画绘有披云肩的人物形象，而那个时期，许多瓷瓶、瓷罐的颈部也常常绘有如意头云肩，说明云肩在当时非常时尚。明清时期，以及民国时期，女子的服饰也多用云肩装饰，富有人家结婚时，新娘围于颈上，拜堂时穿用，寄托着人们美好的愿望，视之如珍，代代相传。《清稗类钞·服饰》中有："云肩，妇女敷诸肩际以为饰者……明（代）则以为妇人礼服之饰。本朝汉族新妇婚时，亦有之，尤西堂尝咏之以诗。"云肩既有装饰作用，也有实用价值，可以防止油污对衣服的损害。今天我们还能在故宫博物院见到传世的缀有云肩的清代服装。

　　披肩在各少数民族服饰中也很盛行，比如居住在云南丽江地区的纳西族妇女的"七星披肩"，它是纳西族妇女的服饰中最有特色的部分，是用整张黑羊皮制作的，上部缝着6厘米宽的黑呢子边。这种披肩穿在身上，只以单片覆盖在背上，既可保暖也起到背负重物时保护肩、背的作用。从后面看，两肩处用丝线绣成两个圆盘，代表日月。披肩下面依次缀着七个刺绣精美的圆盘，据说这七个圆盘象征着天上的北斗七星。整个披肩用两条宽宽的白布带子十字交叉于胸前固定（图1-31-1、图1-31-2）。居住在川滇凉山地区的彝族男女都喜欢穿"察瓦尔"，察瓦尔很大，就像一件宽大的披风，用麻和羊毛混合织成，它的用途广泛，有"昼为衣、雨为蓑、夜为被"的说法。彝族男子的察瓦尔的上端系在颈脖处，前面敞开穿着，下端吊缀着长长的穗，显得威武雄壮。还有四川西部岷江流域的羌族人喜欢穿一种羊皮坎肩，前襟敞开不系钮襻，虽然不完全属于披肩类，基本上也是披挂式的。坎肩里面是皮毛，外面是光皮板，边缘部分露出长长的皮毛，

图1-31-1　穿七星披肩的纳西族妇女（云南丽江　黄圆圆摄）

图1-31-2　纳西族披肩在胸前呈十字交叉状（云南束河　刘天勇摄）

穿着时，晴天毛向内，雨天毛向外，雨水会顺着皮毛往下淌。羌族人的羊皮坎肩是民族标志性的服饰，无论男女老少都喜欢穿，他们自称其为"皮褂褂"（图1-32）。苗族中的许多支系的服饰少不了披肩，居住在贵州省威宁县的苗族妇女离不开披肩，她们常披一种半开领的披肩，披肩以白麻布为底，用红、白毛线织成大花抽象纹样图案，俗称"大花苗"，传说的披肩花纹是苗族南迁时的马褡子图案，其纹样表示箭，期望利箭不中，保佑苗

图1-32　羌族的"皮褂褂"（刘天勇摄）

族平安（图1-33）。而贵州南开地区的苗族披肩因其图案纹样丰富精细，俗称之"小花苗"，披肩上仅基本纹样就有三十余种，据史学界考证，苗族人为避免战祸从黄河流域和长江下游迁徙到西南山区，故土难忘，那些图案就是对家园的记忆与眷念。"小花苗"的披肩像两片很大的领盖在肩背部，穿的时候是两襟在胸前从右向左交叉，系结于腰（图1-34）。以上所有这些披肩都各有特色，接下来，跟随我们考察的脚步，去看看一个少数民族独特的披肩。

图1-33 "大花苗"披肩（贵州威宁县）

图1-34 "小花苗"披肩（贵州毕节地区）

2003年8月初，我们在考察黔东南苗族侗族服饰期间，偶然打听到黄平地区有一个有待识别的少数民族，总人口不到5万人，那里的人不论男女，个个都会一点功夫，妇女们都身着像古代武士一样的"戎装"，他们自称为僱家，我国目前暂将其归为苗族的一支。贵州省黄平县是僱家人最集中、人口最多的一个县，其中重安江的枫香寨是黄平僱家人集中居住地之一。

8月7日，我们二人考察团来到了贵州省的重安江镇，重安江镇是一个位于清水江上游古风古貌的小城镇，这里沿河两岸是十里古峡，郁郁葱葱、茫茫苍苍的崇山峻岭，依水拔地而起，一江清波穿崖而过，几只小船优哉游哉地在那里打鱼。我们在当地一民间工艺品收藏家潘老先生的陪同下，在江边一户农家吃了一顿僱家风味的酸汤鱼后，就赶往枫香寨去。我们摆渡过了清水江，坐上当地乡长调派的一辆小货车，颠簸着在盘山公路上前行。下午时分，车停了下来，潘老先生引领我们顺着路边蜿蜒曲折的青石小径往山上走，不久看到前方一簇簇南竹林中冒出一缕缕淡淡的炊烟，在碧绿的竹叶间，农舍的屋顶时隐时现，潘老告诉我们，僱家聚居的枫香寨到了。枫香寨分上寨和下寨，我们考察的地点在下枫香寨。

下枫香寨内古树挺拔，秀竹成簇，一条清澈而涓细的小溪穿寨而过，到处有天然泉水井。全寨清一色的木结构房，风格一致，有着上百年的历史。让我们兴奋不已的是寨中的僱家人，有几个背着小孩的中年妇女正在溪边洗衣、纳鞋垫。她们衣着朴素，看不出有"戎装"的痕迹。潘老告诉我们她们穿的是便装，要了解盛装服饰才全面。说罢，便用当地话与她们攀谈，她们之中一人很快带来了乡长，乡长很热情，一边吩咐身边人去找姑娘穿盛装，一边引领我们来到寨子里的一片空地上。这片空地是当地举行集会、舞蹈的地方，四周是浓密的树林，显得原始而幽静。不一会儿，一阵悦耳的沙沙声传来，声音由远及近，我们眼前一亮：四个身着僱家盛装服饰的少女英姿飒爽地出现在附近的小土坡上，在明媚的阳光下，她们衣着亮丽而鲜艳，走动的时候，身上佩戴的首饰还发出动听的沙沙声，此时此刻，在这个寂静、苍翠的山林里，僱家少女们的出现，完全可以用惊艳来形容，我们都受到了一种强烈的感官刺激（图1-35）。

少女们头上都戴一个红缨穗装饰的圆形帽子，帽顶有个小圆孔，圆孔中斜插着一支银簪，帽檐在脑后高高翘起，显得英武而略带俏皮。上身穿一件蓝底白花的蜡染衣，属大襟右衽传统款式，衣服的领子、袖筒及后背衣片腰身以下，是精美华丽的刺绣，胸前戴有几个纹样精美的银项圈，项圈下还缀有许多银挂饰，走动的时候，银挂饰相互撞击，发出沙沙声。同时胸前还围有一块白色围兜，围兜中心镶有一片蓝色印花的布料，腰上围有两层围腰，面上一层是蜡染纹样的，稍短，里面一层是刺绣纹样的，稍长，最里面露出百褶裙，长度在膝盖以上，小腿处裹着红色的挂红缨穗的绑腿。全身服饰的色彩感觉很丰富，实际上只有黑、蓝、白、红四种颜色，从正面看红色比较跳跃，从帽子到衣服再到裙子、绑腿，都有大面积的红色，而仅有肩部的色彩呈现出黑色，而最吸引人眼球的就在肩部，肩部的肩线如同军服肩牌一样的平直，走进一看，原来是一件从前胸一直披到后背腰以下的黑色披肩（她们后来告诉我们僅家人都称其为“背肩”，也可称其“贯首披肩”）。披肩由很多块方形的面料缝合组成，中间留出一个方形孔，刚好够头部穿进，准确地说，前胸中间一块方形面料如同拉长了的梯形，长约30厘米，垂到腰下，被围兜和围裙掩藏在了里面。披肩左右肩部分别有两块方形面料，还分别镶有两块长约10厘米、宽约5厘米的长条状刺绣纹样。再看后背，是由四块长方形面料缝合组成，上面是三块平行排列的面料缝合一起，中间一块面积稍大，中间一块的四条边都镶有长条状的刺绣纹样，呈现出┍┑形，三块面料的下端平排三条横条装饰纹样，连接中间这块面料的下部再缝缀着一块长及臀下的长方形面料，底摆处也镶有一块横条的刺绣纹样。远远地从后背看，黑色的披肩造型就如同一个加粗了笔画的英语字母“T”，披着这么一个大大的“T”字，让人不得不驻足惊叹（图1-36-1、图1-36-2）！

总的来说，她们的盛装服饰是由蜡染刺绣花衣、贯首披肩、围腰、肚兜带、腰带依次由里至外层层穿戴，每一件都相应地露出一部分，整体像铠甲——这的确很像之前听说的“戎装”。这样的服装穿在少女们身上，给人的感觉是妩媚但不失英武，艳丽而又端庄。

图1-35 英姿飒爽的僮家少女（刘天勇摄）

图1-36-1 背牌平面展开图（披肩）

图1-36-2 从背面看，披肩呈T字造型（刘天勇摄）

　　少女们叽叽喳喳地和我们说笑着，她们都读过书，懂汉语，所以我们交流得比较流畅。一位脸蛋圆圆的少女比较开朗，她和身边的乡长一同和我们聊起来。僮家人自称是古代传说中的射日英雄羿的后代，他们对弯弓射日及弓箭崇拜之至，至今在每家每户堂屋正前壁的神龛上祭祀着一套红白弓箭，小伙子盛装时腰上要佩戴弓箭，姑娘们头上戴的是"白箭射日"帽（圆形的红色帽顶就是太阳，银簪就是一支利箭）。当我问起她们的贯头披肩的缘由时，他们讲了一些美丽而古老的传说，大体上传说是自己的祖先曾经当过朝廷的武官，因为战绩卓著，受到皇帝的嘉奖，被赐得一身战袍。武官死前把战袍传给女儿穿，为了让后代记住皇帝的恩赐，并世代相传。因此，女儿们也就按照皇帝赐给的战袍定做了铠甲式的披肩，以示纪念祖先的战绩和历史。此外，僳家的这种贯头披肩和其他少数民族一样，皆有着保暖和保护肩背的生理功能（图1-37）。

听罢这些远古的传说，少女们在一位身着漂亮蜡染纹样服饰的小伙子的带领下开始翩翩起舞，小伙子在前面吹着芦笙笛，笛声悠扬，几位少女跟在后面踩着相同的节奏，舞姿欢快，她们忘情地唱着跳着，披肩随着舞蹈时而起伏，展现出与静止时截然不同的另一种风采。

图1-37　僳家人的披肩有保暖和保护肩背的生理功能（刘天勇摄）

个案分析

披在肩上的服饰，大多是从生产劳动或生活用途出发逐渐演变成的装饰品，而且至今仍保留着装饰和实用的双重功能，较之装束整齐的衣着，它往往显得更随意，更原始。而僳家的贯头披肩除去与其他少数民族一样的功能外，还可以从以下三个方面体现出其独特之处。

首先，外轮廓造型十分独特，如同英语字母"T"，"T"字形外轮廓造型在服装设计中通常适用于男装，因为通常男性的体型很类似"T"这个字母的形状，也就是说在外轮廓方面就体现了一种阳刚的气质。其次是披肩的结构，外形简洁的披肩是由几块长方形的面料构成，前胸中间一块比较长，一直到腰部以下，呈倒梯形状，被腰间的围裙紧紧系住，藏在了围裙里面，目的应该是固定披肩的位置，不至于被后背部分大面积的重量牵引而失去平衡。后背部分三块方形并排形成"T"字的横线，下面一块长方形形成"T"字的竖线，将"T"字分割成为四块长方形，比单一的一块面料组成更显得粗犷有力。再者，不能忽略的是，披肩的装饰纹样不像她们的衣服那样是"花衣"，而只是在每一块方形的一条边都镶上长条状的装饰纹样，背部中间一块四条边都镶有，加强了视觉的冲击力，在原本就粗犷的造型下显得更加有分量。加之僜家人的"白箭射日"帽、服装整体有"戎装"的感觉等，这一切，能充分说明僜家人在心理上和视觉上都在追求一种"英武"的效果。她们在外轮廓造型、结构线、装饰效果方面都大量利用了直线条，充溢着自然赋予人类的纯朴与英武。

僜家人传统服饰上体现出的这种具有特点的设计思维方式对现代服装设计来说，至今仍然有重要的借鉴意义。

5. 多彩的围腰

围腰通常是指系在脖子以下的只挡住胸腹部分或者腰以下的裙片，在民间有的围腰又叫"胸兜"，"围兜"，主要为民间妇女所用。它的作用是保护衣裙的整洁，后来却具有了更多的装饰意味。围腰将女性的腰身束紧，突出了女性的曲线美。围腰的形状多为扇形（图1-38）、方形（图1-39）、菱形以及其他造型，围腰上的图案纹样丰富多样，常采用多种技法装饰。

我国许多少数民族都喜欢穿戴围腰。生活在云南红河地区新平、元江一带的傣族，以其有着艳丽多彩而又独特的腰裙造型而著称，俗称为"花腰傣"。花腰傣妇女的腰

图1-38 扇形围腰

图1-39 方形围腰（贵州安清地区）

部是用彩带层层束腰，将围腰与筒裙连接为一体，在腰腿部形成了层次丰富的视觉效果（图1-40）。云南省墨江地区哈尼族女性围腰色彩的变化是表明婚否的符号，未婚少女多系白色或粉红色围腰，已婚者系蓝色围腰。云南省西部哈尼族平头哈尼姑娘前腹部系一块围腰，标志未婚，系两块围腰，标志已婚。白族女子的围腰也纷繁多彩，其样式、长短、花纹图案、款式，依年龄的不同有严格的区别。一般未成年少女及已婚妇女，其围腰图案色彩较单纯，未婚处于恋爱期的少女，其围腰图案种类繁多，色彩丰富，大多绣有具有象征意义的牡丹、芍药、金鸡、凤凰、蝶

图1-40　层层束腰的花腰傣（云南新平）

采花等图案，多采用夸张、变形等表现技法，绚丽中蕴含深意。所以人们说，白族妇女的花围腰是一支爱情的乐曲。

藏族女子的围腰（帮垫）是藏服中必不可少的一个部件，也非常有特色。帮垫多为长方形，由多条彩色条纹装饰。从条纹的色彩和宽窄来看，牧区女子的帮垫颜色艳丽，条纹较宽；城镇的女子戴的帮垫色彩雅淡，条纹较细（图1-41）傈僳族妇女的围腰也是整个服饰中重要的一个部分，其色彩艳丽，纹饰丰富，长方形的围腰从腰部直至小腿以下，占据了极大的面积（图1-42）。黔西南布依族的妇女们很喜欢戴围腰，根据年龄不同，围腰的长短色彩也不同。年老的妇女系长围腰，上齐脖项，下至膝盖以下，围腰为素色，胸部有绣花。年轻女子系短围腰，称之为"半截围腰"，上齐腹部，下至大腿部，围腰中央绣有各种各样的图案，有花卉虫鱼、飞鸟走兽。贵州苗族有许多支系都戴围腰，特别是在重大节庆期间，妇女盛装打扮，围腰是盛装中不可缺少的一部分，她们的围腰造型多样，纹饰精美丰富，对盛装服饰的结构款式有着重大的造型意义（图1-43、图1-44、图1-45-1、图1-45-2）。此外，西族（一个有待识别的民族、目前归纳入苗族分支）（图1-46）、彝族、侗族（图1-47）、瑶族等少数民族的围腰也是整个服饰的重要组成部分。

生活在四川阿坝州的羌族女子，对围腰更是情有独钟，围腰制作工艺精美，图案丰富，色彩艳丽。

图1-41　藏族牧区女子的彩条纹帮垫（四川红原　刘天勇摄）

图1-42　傈僳族妇女的长围腰（云南昆明　鲁汉摄）

图1-43　装饰精美的围腰（黔东南卡寨　刘天勇摄）

图1-44　围腰是苗族服饰中重要的组成部分（黔东南空伸地区　鲁汉摄）

图1-45-1　贵州台江苗族妇女盛装服饰中的围腰（鲁汉摄）

图1-45-2 装饰丰富的方形围腰（贵州普定地区）　　图1-46 西族妇女的绣花围腰（黔东南老马寨 刘天勇摄）　　图1-47 侗族围腰（黔东南宰岑 鲁汉摄）

田野调查之五：四川阿坝州桃坪羌寨、萝卜寨

2003年10月3日

　　历史悠久的羌族是我国最古老的民族之一，羌族人主要居住在四川省阿坝藏族羌族自治州茂县、理县、汶川一带，那里山脉重重，地势陡峭，羌寨多建在高半山，故而羌族被称为"云朵中的民族"。2003年10月，利用国庆节期间，笔者选择了三个典型的羌寨去采风，桃坪寨、黑虎寨、萝卜寨，这三个羌寨地形地貌不一，各自的民族服饰也很有特色，其中桃坪寨和萝卜寨的服饰色彩更丰富，围腰图案也更绚丽多彩。

　　10月3日这天清晨，我们从热闹喧嚣的成都西门车站出发，路经都江堰沿着岷江上游来到汶川，汶川有着"羌绣之乡"的美誉，也是进入阿坝州的南大门，从汶川再到桃坪羌寨一路地势都在逐渐升高，汽车沿着山势蜿蜒爬升，公路旁边的江水急促地向后流去，看到公路旁峻拔苍凉的大山，我们强烈感受到了这里独特的地形，与早晨我们在成都平原的感受完全不一样，司机告诉我们桃坪寨快到了，不一会儿，汽车停在公路旁的一座石头堆砌的碉楼旁，碉楼雄浑挺拔，屹立于寨前。据载，这里从西汉以来就是重要的隘口和军事防御要塞。可见此地在历史上地理位置就很重要。桃坪寨的整个村寨依山而建，建在陡坡上，它可以称为一座石头寨，因为所有房屋几乎全部由石块和片石建成。走进寨子，仿佛走进一个石头建筑起来的王国。"房连房"是桃坪羌寨最著名的建筑景观，整个寨子的碉房基本都是相互连接的，两座碉房共用一道石墙，使建筑群紧紧相连，俨然是坐落在群山峻岭中的古堡。

我们在石头王国里穿行着，由于这里是当地的旅游景点，身边不时走过三三两两的背包一族。当地人穿传统民族服饰的也不多，偶尔见到几个穿蓝布长衫、青布包头的老人蹲在家门前聊天。在一个碉楼前，我们遇到一个穿着艳丽服饰的羌族姑娘，她正用带着当地口音的普通话在给周围的游客们介绍羌寨情况，姑娘的服饰在灰色的石头城里显得十分耀眼，这是我们第一次亲眼目睹羌族姑娘的盛装服饰，实在比资料上的照片漂亮多了。从她胸前小牌上的文字得知她叫龙小琼，这里是她开的一家服务旅店，原来她就是中央电视台曾经介绍过的大名鼎鼎的"小龙女"——桃坪羌寨发展旅游经济的带头人。得知我们的来意，她非常热情地接待了我们，一边熟练地给我们介绍情况，一边叫来了她的妹妹，一个同样身着艳丽羌族服饰的姑娘。

两姐妹的服饰大同小异，头上都盖有一方绣花头帕，姐姐穿着一件黑色的立领大襟右衽长衫，长度直达脚背处，衣领、袖口处、底摆处绣有羊角状的图案，上身外套一件沿边装饰的黑色对襟坎肩，坎肩前胸绣满图案，图案的色彩和造型与长衫的图案类似，都仅以红色和黄色两种颜色装饰。腰以下围一块有精美刺绣的围腰，长度到膝盖以下。围腰的底色是蓝色，图案主要以红色、白色为主（图1-48）。妹妹也穿着一件立领大襟右衽的长衫，不过底色是蓝色，领、袖和衣摆处装饰有几条细细的花边，上身外套大襟右衽的黑色坎肩，与姐姐的坎肩完全不一样，坎肩的结构线装饰有宽约8厘米的花边，花边为黄色细条镶边，花边中间为浅蓝色底桃红色花朵。再看妹妹的围腰同样绣有精美的刺绣，仔细看，两姐妹的围腰造型和装饰手法一致，都是在围腰下摆两角处绣有红色大朵花图案，边缘有宽约5厘米的白色锁绣花边，前腹部贴有两块大花图案的绣片（龙小琼告诉我是用于装小物件的口袋，类似于我们的衣袋）。围腰用两根有挑花图案的带子系在腰后，长长地下垂至长衫下摆处，走起路来很有动感

（图1-49-1、图1-49-2）。

　　我们注意到，围腰上的刺绣图案都是以花卉植物为主，姐妹俩各自围腰上的花卉图案虽然不完全一样，但都是夸张花瓣，缩小了花梗和叶子，使花朵造型显得异常丰满突出。关于姐妹俩服饰上的图案纹样，龙小琼告诉我们，羌是"羊""人"二字的组合，羊是羌人生活精神的支柱，也已被神化为民族的图腾，服饰上有很多这样呈羊角卷曲状的花纹，称为"羊角纹"，另外还有一种花纹叫"羊角花"，羊角花是羌族女子最喜爱的花纹，民歌中有"天上最美羊角花，羊角开在尔玛家（尔玛是羌族人的自称）"。羊角花象征婚姻爱情，相传远古时代羌族人过着群婚式的原始生活，引怒了天神，派女神俄巴西到人间，住在高山杜鹃花（羊角花）丛中，男人投生前向女神取一只右边的羊角并系上一枝杜鹃花。女的取左边羊角系一枝杜鹃花，投生成长后，凡得到同一对羊角的男女方能结为夫妻。从此杜鹃花被羌族人称为"羊角花"，又叫爱情花、婚姻花，因此常

图1-48　龙小琼的刺绣围腰（四川阿坝州桃坪寨　刘天勇摄）

图1-49-1　围腰用两根有挑花图案的带子系在腰后（四川阿坝州桃坪　刘天勇摄）

图1-49-2　围腰装饰图案主要以花卉为主（四川阿坝州桃坪　刘天勇摄）

常绣在围裙服装上（图1-50）。

当晚，我们被热情的羌族老乡们拉着跳起了"莎朗"，这是一种很古老的自娱性舞蹈，"莎朗"在羌语里是"唱起来，摇起来"的意思，由多人围着篝火边歌边舞，气氛热烈而融洽，让我们感受到了羌族人豪迈朴实的性格。

第二天，我们告别了龙小琼两姐妹，继续前行，10月6日，我们从黑虎寨出来，马不停蹄地赶往萝卜寨。萝卜寨是迄今为止世界上最大最古老的羌寨，有4千多年历史，它位于汶川县雁门乡境内岷江南岸高半山台地之上。当我们经过了声名远扬的雁门关，一根矗立于公路边的羌碉和一座古老的烽火台指明了进入萝卜寨的入口，入口处一块高大的花岗岩碑雕刻着"中国羌族第一寨"七个大字，我们徒步走进萝卜寨，一路都是爬山，山高地险，一位当地山民给我们当了一段导游，带领我们走近道，所谓近道，就是当地人在山坡上踩出的小路，只有双脚并排站立的宽度，最窄的地方也就一个手掌宽，小路一侧便是坡度很陡的山体。道路虽然异常险要，不过一路的风景美不胜收，越往上爬，视野越开阔，周围是连绵的群山，脚底是长长的岷江峡谷，让我们真正体会到羌族人不愧是"云朵中的民族"。不由得由衷佩服羌族人的勇敢顽强的精神。走了近15公里的山路，面前出现一大片坡度很缓的台地，台地上满是错落成群的黄泥土墙建筑，这里是一座没有碉楼羌寨，寨内巷道阡陌纵横，据介绍住着200多户人家。

寨内到处能见到穿着羌族服饰的人们在劳作，他们的服饰色彩纯度很高，多以桃红色、天蓝色、紫色为主，配以花花绿绿的绣花围裙，在阳光下十分耀眼。不过我们发现寨中大多是老人和孩子，一打听青壮年都外出打工了。一家带着五个孙子的老年夫妇对我们的到来非常高兴，他们拿出年轻时候的服饰，家中最大的一个孙子穿上了爷爷的服饰，大孙女穿上了奶奶的服饰，爷爷的服饰是典型的羌族男子服饰，蓝色的立领大襟右衽长衫，外套一件黑色小坎肩，腰间系一个桃红色的腰带和一个三角形的绣花腰包，整体色彩清新明快，干净利落。奶奶的服饰与之前所见到的羌族女子服饰形制一致，但装饰上略有差别：长衫和坎肩的装饰以多条装饰色彩不一的花边为主，腰下的围裙不是一块，而是面积大小不同的两块，面积小的一块在大的之上，两块围裙不只是装饰裙两角处，而是满幅都绣满了红艳艳的大朵花。依据前面的经验，估计应该是杜鹃花。花的造型和配色方式与桃坪寨龙小琼两姐妹的围腰图案类似。但眼前这块围腰由于整块都绣满图案，没有留一点空间，所以更加显得厚重纷繁，形成整体服饰的视觉中心（图1-51）。值得一提的是，围系围腰的腰带长长的由后向前系在前面，露出两根腰带头，腰带头上有长约20厘米的挑花纹样，纹样与围裙上的图案与技法都大相径庭，围裙图案显得恢宏粗犷，腰带挑花纹样显得简练秀美，再看前面提到过的爷爷服饰上的绣花腰包，腰包的里层尖角处也有一片呈三角形的挑花，腰包两端的腰带上也绣有精美的挑花，汉语说得稍好些的爷爷指着这挑花带告诉我们，羌族人很喜欢挑花，挑花经常装饰在袖口、裤脚边、腰包和腰带上，我们现在看到的这种挑花纹样叫杉树纹，羌族民间认为杉树是"树神"，能与神灵祖先沟通，因此祭祀时有在杉树枝上挂祭品的习俗。羌族的挑花图案中还有一种花叫"火盆花"，是以火塘为中心，射向四方的散点花纹。羌族火塘是神圣的角落，每家家中都有火塘"金子炉不断千年火，玉盘常点万代灯"，外来客人进入羌人家是不能跨过去的，只能绕着火塘走过。服饰上的火盆花纹象征烟火不断、人丁兴旺，世代延续。

图1-50　绣在围腰上的杜鹃花被羌族人称为爱情花（四川阿坝州桃坪　刘天勇摄）

图1-51　满绣图案的围腰（四川阿坝州萝卜寨　刘天勇摄）

爷爷的口述，让我们真真切切感悟到其中的神秘气氛。他们的服饰经历千年，围腰上的挑花、刺绣已成为古羌历史文化的积淀，每个纹样的组合和造型，既是羌文化发展演绎的折射，又是羌族物质与精神相结合的产物，蕴含了羌民族的思想观念、宗教文化与民族精神。

时值秋高气爽的季节，家家户户的房顶上都晒着金黄色的玉米，在阳光下，湛蓝的天、洁白的云、深绿色的山、金黄色的玉米、黄泥土墙和色彩缤纷的服饰，构成了一幅令人难忘的图画。当然，最难忘的不仅仅是羌寨的美景，更多的是云朵中的民族深邃的文化与精神。

个案分析

从桃坪寨龙小琼姐妹俩服饰围腰中的"羊角纹""羊角花"到萝卜寨奶奶服饰上的"杉树纹""火盆花"等，显而易见，羌族人把自己对自然、对爱情、对宗教的理想都折射到了服饰上，让服饰有了情感，有了生命，赋予了本民族的特色。其实，羌族女子服饰上有这些包含着古老历史文化意蕴的图形，这里的意蕴并不属于服饰本身，而在于所唤醒的心情。不论是桃坪羌寨龙小琼两姐妹的羊角花围腰，还是萝卜寨奶奶年轻时候的满绣围腰，都有一个特点，就是仿佛穿了一条花裙子，由于绚丽多彩的围腰是围在长衫之上的，长衫没有作为装饰的重点，只是露出长衫的下摆部分，视觉上，围腰和露出一部分的长衫下摆形成了一个整体，显得下半身服饰更有层次感和厚重感，从而造就了服饰的视觉中心，所以，在这里围腰的运用就为服饰的款式增添了一种新的形式，加上围腰和围腰带上有寓意的图案，使它们从一开始就具有浓郁的审美情趣，成为了"有意味的形式"。

6. 个性的帽子（头饰）

纵观我国各民族服饰，有一个十分特别的现象，就是重头轻脚，他们特别注重发式、包头、冠帽的装饰，看上去十分醒目。其中一个重要的特点就是各民族帽子形状和装饰迥异，丰富多样，个性十足，往往成为一个民族区别于其他民族的标志。比如维吾尔族男女老少戴四楞小花帽，哈萨克族男子多戴三叶帽，塔吉克族男子戴黑顶高筒翻皮帽，柯尔克孜人在黑小帽外再加一顶白毡帽，裕固族妇女喜戴一种喇叭形的红缨帽，回族人戴白布无沿圆帽，等等。我国南方有些民族，因天气炎热，往往跣足或穿草鞋，而对头饰、包头、笠帽之类，则刻意修饰，常常别出心裁，出奇制胜。如苗族的银帽银冠，其中牛角形银冠大的近一米高，上面还雕有许多精致的图案纹样，又大又沉重的银

时装设计中的民族元素

头饰展现出姑娘家的富有（图1-52-1、图1-52-2）。苗家姑娘们的头饰造型是不同支系的标志，连小孩的帽子也会随支系的不同而呈现不同风格（图1-53-1～图1-53-4）。生活在广西的毛南族，利用当地盛产的竹子编织成精美的花竹帽，既能遮阳，又能避雨，还是男女青年的定情之物。土家族孩子多戴一种菩萨帽，又叫"罗汉帽"，帽上从左至右钉有十八罗汉，围了半圈，正中间还缀着一尊大菩萨，据说是土家族信奉佛教的标志。哈尼族有的支系的小孩喜爱戴一种用贝壳和椰子壳装饰的竹帽，夏天戴着既美观又凉快。哈尼族一支系女子戴一顶尖头帽，帽顶高耸，饰物繁多，制作精巧，戴上这顶高高耸起的尖头帽，便标志着女孩已经成熟，可以谈情说爱了（图1-54）。此外，通过帽子或头饰体现出来较有明显区域特点的少数民族还有彝族（图1-55）、藏族（图1-56-1、图1-56-2）、侗族（图1-57）、佤族、白族（图1-58）、纳西族（图1-59）、傈僳族（图1-60）、羌族（图1-61）、壮族、傣族、瑶族，等等。

　　各民族的帽子与衣服一样，也是源远流长，历史悠久的。据《蛮书校注》卷八记曰："其蛮，丈夫一切披毡。其余衣服略与汉同，唯头囊特异耳。"彝族这一"头囊特异"的造型，至今还保持。蒙古族妇女喜欢包"袱头"，是用布或绸在头上包缠，再将头巾沿两耳垂下，左右对称。这种包头样式，形成于成吉思汗时期。当初，成吉思汗统一蒙古各部落后，下令每个人罩头巾以示颅上飘有旌旗之角。希望勇敢的民族精神永存。几百年过去了，这种头饰仍流传不衰。贵州黄平县重安江地区的僳家人，称自己是古代朝廷武将的后代，因而僳家女子有戴一种颇有古代武士遗风的红樱帽的习俗（图1-62）。生活在四川茂县黑虎寨的羌族妇女，她们的头上戴着厚厚的白色头巾，是为了纪念几百年前的一位英雄而许下的"万年孝"的承诺，这支羌人也因此被称为"白头羌"（图1-63）。

图1-52-1　苗族姑娘戴高高的银冠（贵州施秉地区　刘天勇摄）

图1-52-2　苗族姑娘头上戴着牛角银冠（贵州雷山地区　刘天勇摄）

图1-53-1　苗族婴儿的帽子（贵州施秉地区　刘天勇摄）

图1-53-2 苗族姑娘头上的银造型（贵州卡寨 刘天勇摄）

图1-53-3 苗族姑娘的头帕帽造型（贵州空伸 刘天勇摄）

图1-53-4 苗族支系帽子造型（贵州 刘天勇摄）

图1-54 哈尼族女子尖头帽

图1-55 彝族（云南怒江地区 刘天勇摄）

图1-56-1 藏族妇女头饰（西藏拉萨地区 鲁汉摄）

图1-56-2 藏族姑娘头饰（四川丹巴地区 黄圆圆摄）

图1-57 侗族妇女头饰（贵州仁里 刘天勇摄）

图1-58 白族帽饰（云南大理 刘天勇摄）

图1-59 纳西族头饰（云南泸沽湖 邓楠摄）

图1-60 傈僳族（云南昆明 鲁汉摄）

图1-61 西族头帕帽（贵州老马寨 刘天勇摄）

图1-62 侗家女子戴红樱帽（贵州重安江流域 刘天勇摄）

图1-63 头戴"万年孝"的羌族妇女（四川茂县黑虎寨 刘天勇摄）

勤劳的闽南惠安女，头饰更是独具个性，不分风雨晴晦，不论屋里屋外，她们在包头之上都戴一尖顶黄竹笠帽子，整体造型和装扮都极富传奇色彩。

田野调查之六：福建惠安县崇武镇大岞村

在我国东南沿海一带汉族民间服饰中，最引人注目的就要算"惠安女"了。"封建头，文明肚，节约褂子，浪费裤"，当地这首十三字民谣诙谐地点出了惠安女的服饰特征。"封建"在过去是保守的代名词，"文明"则意味着开放，究竟是如何的"封建"，又是如何的"文明"，我们带着想了解惠安女的冲动，于2005年盛夏亲自奔赴惠安，真正走进了她们。

8月7日笔者和几个朋友一道从厦门驱车来到福建惠安县崇武，崇武是惠安县最靠海边的镇，从崇武镇再下去就是隔着一个湄洲湾的大、小岞两个渔村。其实所谓的惠安女服饰就是大、小岞妇女的服装。据称，正是由于这里自古以来被人们认定是古老弱小民族的避居之地，与外界来往极少，人们生活安详平和，民风淳朴，所以古称"安民铺"。想来惠安女与众不同的服饰传统正有赖于这里与世隔绝、相安无忧的生活空间。

到崇武的当天，我们就马不停蹄地赶到大岞村。这里直接面对金黄色的海滩，海的对面就是金门、澎湖列岛。我们将车停在离村口最近的海边，步行进入。刚进村口，我们就发现对面走来几位挑着担子的妇女，她们清一色的短衫、肥裤、蒙头巾戴黄斗笠打扮，那金澄澄的尖顶斗笠，斗笠下紧紧包裹着头部的蓝布头巾，腰间铮亮的精美银链，随着行走的节奏在阳光下一闪一闪地晃动着，把南国女性特有的身躯映衬得分外健美，这一身装束明确无误地显示着她们"惠安女"的身份。我们激动地围上前想拍照，无奈她们不约而同地拒绝了。后来遇到很多惠安女，她们不是害羞地转过身去，就是用斗笠遮住半个脸。初逢惠安女，留给我们的第一印象是：羞涩但不失主见。

沿着村里小路，我们来到一家小杂货店，店内女老板也身着民族服饰，可能接触外来人多，显得干练热情，在攀谈之中，她一再声称"普通话讲不好"，而我们的交流还算顺利，她不仅让我们前后左右地观赏她的服饰，还提供了一套完整的传统便服。惠安女的上衣是右衽短衫，大多用两色布拼接而成，短瘦，窄肩，下摆呈大大的弧形，两袖细窄，长度大约在肘关节下10厘米，上衣整体造型是A字形。这种半长袖的短衫大多用蓝色细棉布做成，胸襟以下的主体部分是用细直条花样或浅花花样的白棉布，胸部以上与袖管的肘部以上一般都不对称地拼接以草绿色布，细条白布的袖口处拼接一段蓝底白花花布，再细致地拼接中黄、草绿、大红三色花边，领口处也装饰着细细的花边，所有的扣袢都是以浅色布扎成的布带绕成，袢扣则是与袖口的花边相呼应的中黄、草绿、大红三粒彩色纽扣。

宽宽大大的长裤由黑色绸缎面料制成，裤脚足有一尺宽，走起路来像裙子似的不停地飘动。裤腰部拼接一段普蓝色棉布料，以一根细绳穿过并系于腰部。在裤腰之外，还配有一根宽宽的织带，织带的花色好像可以由个人自己的喜好而定，色彩很鲜艳，由于惠安女上衣过于短小，所以裤腰和腰带设计得极富装饰性，以便外露，露脐甚至成为惠安女婚嫁与否的标志。据说其他地区妇女用来滋润脸部皮肤的雪花膏在这里是专门用来揉肚皮的，民间还用这么几句顺口溜来调侃："裤头脱脱，头顶插牛骨，腹肚黑漆漆，肚脐亲像土豆窟"——这指的便是前面提到的"文明肚"。

　　惠安女头上的包头巾是一整块花布，为了能将它紧紧地裹住头部，要细心地折一道边，沿前额下来包住脸颊之后，用别针别好以防松动，有的甚至钉上几颗纽扣固定，只露出眼睛、鼻子和嘴巴。爱打扮的惠安女将这些别针也用她们的刺绣工艺装饰起来，有时虽然只是在一块圆形的布底甚至一种软塑料上用彩色绒线拉上几道装饰线，但做成的装饰物如盛开的山花一样多彩。惠安女通常会用三颗、五颗、七颗缀于头巾之上，端庄秀丽而又不失大方。过去的别针是就地取材，用很大的鱼骨头插在头上作装饰，后来大的鱼骨头少了，就改用牛、羊等骨头来代替，现在大岞村的惠安女往往用数道粗铁丝弯成一个"Π"形的托架，铁丝外面用黑色丝绒线缠绕固定，其中还缠几道蓝色丝带作为装饰。缠绕后的托架宽约五厘米，弯成形后两端相距大致与妇女的头部相当，惠安女将它戴在头顶，再包上包头巾，看起来宛如发辫绕在头顶一样。裹上包头巾的头顶就呈现一个方方的外形，包头巾从上披挂下来齐齐地搭在肩头，显得十分规整好看。惠安女无论在哪里都不肯拿下这块神秘的头巾，可不能小看这块小小的包头巾，它是海边直射的阳光下不可缺少的保护性措施，既防御风沙，又避免日晒。

　　惠安女的斗笠也很有特色，斗笠主体色彩是明亮灿烂的纯黄色，色彩在阳光下非常鲜艳。据说她们是用黄油漆刷成，要刷上三四遍，然后用红油漆在顶部漆上四块顶端朝下的三角形。再在笠端缝上四粒绿色的塑料或绿羊毛编织的扣子，这些扣子从四个角落用四条白色带子穿进笠内，每条白带子都用各色绣花线绣成图案，非常雅致。斗笠的外面左右两边常缀着绢花，笠内还要装进几张香纸，以显风流。这顶斗笠是用当地的竹子编成的，可防雨淋、日晒，一年四季一出家门就要戴上，已成为惠安女的习惯（图1-64、图1-65）。

大岠村的惠安女喜欢蓝底白花的包头巾，戴上金色的尖顶斗笠后，在斗笠的两边还要缀以大红、鲜绿的绢花。从女老板那里，我们知道了崇武镇上的惠安女服饰也有许多变化，大岠村与小岠村就完全不一样。小岠村的妇女，尤其是老年妇女的头饰特别富于变化，在色彩上，大岠村的妇女衣装以蓝色包头布、白色与草绿、淡蓝等冷色花布的拼接为常见，下身一般是蓝腰黑裤；而小岠村的妇女喜欢桃红、品红、大红色调的包头巾，不拼接的白布上衣配以蓝色长裤为主。同样是金色的尖顶斗笠，大岠村的妇女更喜欢在斗笠下的两根花带上加以装饰。

自古以来惠安女人生命运的重压是世所共知的，男人长期出海捕鱼，妇女居家劳作，除了家务，还要承担打石、搬运、造屋、打井等艰苦的工作。长此以往，便形成了惠安女超乎寻常的勤劳与能干，坚强的性格。我们一路上看到的惠安女，几乎都在忙碌干活，见不到一位男性。在我们眼前不断晃动的是一双双在石砌的小路上匆匆奔走的赤足，一张张被海风吹拂的黑红的面孔，一顶顶在灰色水泥房屋群中闪动的金黄斗笠。我们还注意到，那些看起来灿烂如节日盛装的惠安服饰，并不是一种刻意打扮，而只是劳动中的常服便装。即使在飞扬的灰尘中埋头劳作的惠安女，也不忘在黄斗笠帽檐之下的发髻旁缀上一朵朵灿烂的花朵。她们这种执着的不加掩饰的对美的追求与肩负的生活重担形成了一种强烈的对比，也形成了一种感人的独特的美（图1-65）。

图1-64　惠安女的斗笠（刘天勇摄）

图1-65　福建大岠村惠安女（刘天勇摄）

我们走到大岠村的尽头，来到海边，看到那一件件在海浪间飘动的花布衣衫与娇小的身躯，在这个不起眼的闽南小村庄中，却显得那么鲜明、壮美，富有一种震撼人心的气度与活力，这种感觉久久地在我们心中回旋……

惠安女头部的装饰在我国各民族中不算最复杂的，但的确称得上独具特色和个性。惠安女的头巾从头部自然下垂，呈"A"字形披落在胸前及后背，遮掩了上身短衫的二分之一还多的面积，头巾从下颌部固定，以别针或者纽扣作为固定的工具，但非常强调装饰效果，别针一般都装饰得像花朵，而纽扣则像衣服纽扣一样，从上至下等距离排列，给人形成头巾与服饰连为一体的错觉，可以说头巾在这里很自然地成为了上装的一部分，和谐而统一。再看戴上尖顶斗笠的惠安女，尖顶斗笠的出现增加了服饰的个性色彩，视觉上，明黄色的斗笠平直地处于头部最高处，从色彩到造型都十分吸引人的眼球，黄斗笠加上花头巾组成了花俏艳丽的头部形象，即使你的视线从上到下完整地扫描全身后最终还是会定格在头部，这点与其他民族是完全不同的，别的民族大多用装饰繁复、琳琅满目的头饰或帽子来吸引人的眼球，而惠安女的帽子（加以花头巾）却用这种最简洁的形式语言来抓住人的视线，又不失与整体服饰和谐统一的关系。

纵观各民族传统服饰，还有很多典型的款式造型值得探讨和分析，由于时间关系，笔者在此仅仅分析了六种类型：斜襟衣、对襟衣；百褶裙；肚兜；披肩；围腰；帽子。每一种类型笔者都有亲自考察的详细记录，并分析其蕴含的设计元素，对现代服装设计应具有一定的参考价值。

二、神秘的图形——民族服饰图案纹样篇

笔者在少数民族地区调查时，曾对那些五彩斑斓的服饰迷恋不已，细观其服饰上美丽的图形纹样，有的呈规整的几何形状，有的是十分夸张的动物图案，有的是变形的植物纹样，还有许多奇怪的具体看不出是什么内容的图形，这些纹样丰富多彩，结构严谨、色泽厚重，规律性强，是其民族祖先通过对自然界的细致观察，从生活中捕捉生动形象，再结合大胆想象，运用娴熟的技艺展现于服饰之上而成，因而具有一种质朴、厚重、绚丽的艺术效果。这些纹饰大多反映出各民族对生活的热爱和对美的追求，富有浓重的吉祥意味。在这里，笔者将这些神秘的图形分为五大主题——民族历程；图腾信仰；天地万物；生殖崇拜；吉祥符号。我们以此为代表，从其文化内涵的角度来解读民族服饰中纷繁复杂的图案纹样，从而更好地理解民族服饰图案的造型特征及其审美特点。

1. 民族历程

在漫长的历史进程中，一个民族为了集体的生存发展，为了形成团结、统一的社会秩序，往往通过各种方式来强化该民族的凝聚力和向心力。有关这一点，在各民族创世史诗中都有充分体现。特别是在我国南部的有些少数民族，民族生存的尊严使得他们更加注重民族的陈述，他们通过服饰上的图案表现，从而起到追根忆祖、记述往事、沿袭传统、储存文化的巨大作用，对于个人和族群而言，这是保存历史记忆的有效手段。

（1）迁徙纹

西南少数民族妇女衣裙上那些斑斓的图形，许多有关资料都认为和他们民族的历史有关。广西红瑶女子的衣服上，有许多水纹托着船形的图纹，船里还有若干人形，反映了瑶族师公所唱远古祖先迁徙的场景："漂洋过海又过江，开船三月迷方向，行驶不出海中央，思量飞天无翅膀，人心慌乱无主张。又怕风大翻落海，万般无奈想盘王……"（图1-66）。

居住在云南地区的哈尼族对祖先从遥远的北方迁徙而来所经历的坎坷与艰难常常记录在服饰上，她们在举行丧葬活动时，保留了"亡魂归祖"的习俗，送葬女歌手"搓厄厄玛"要戴一种叫"吴芭"的帽子，"吴芭"宽52厘米，最高处（中间的三角形）达14厘米，其余依次递减为13厘米和12厘米；边高6.5厘米，厚布织底，丝线缠边，图案皆拼嵌而成。据当地著名大贝玛（祭师）解释，这是给死者的魂魄引路用的。没有"吴芭"引路的魂是野魂。帽上绣的花纹是哈尼族祖先南下的历程图，帽子上刺绣有五组不同色彩的三角形图案，每个三角形代表着哈尼族人所经历的某一个历史阶段的表象，象征着哈尼族祖先从远古到现在的全部历史。这五组三角形图案排列次序感很强，呈对称状分布，透射着神秘的色彩（图1-67）。据说"亡魂"将按此图形回到祖先居住的地方。魂魄最后的回归地点是"哈尼族第一个大寨惹罗普楚"。据有关资料查证，"吴芭"上的纹样作为一种民族迁徙标识，记录着祖先迁徙的历

图1-66　瑶族祖先迁徙场景纹样（广西龙胜红瑶）

图1-67　哈尼族送葬帽子上五组三角形图案排列次序感很强，呈对称状分布，透射着神秘的色彩（云南地区）

史，这与哈尼族祖先迁徙古歌❶以及神话❷、❸等所述的民族迁徙情形是相似的。

苗族女子衣裙上也同样反映了本民族的迁徙历程。传说苗族祖先生活在黄河、长江中下游，势力一度很强大，修建有漂亮的城市，后来先祖"格蚩爷老"被逐出中原，他们被迫迁徙南下。苗族有首古歌这样唱道：

"……在万国九州的中间是罗浪周底，／我们的先人就住在那里。／在万国九州的范围之内，／甘当底益捧和多那益慕是苗族的根基地。／这些地方到底在哪里？／都在直密立底大平原。／老五、老梨都是好地方，／红稗小米不曾缺少，／高粱稻谷样样都齐全，／还有黄豆赛过鸡蛋。／以后启野要至老从才色米弗底走过来，／占据了先人居住的地方。／格也爷老、格蚩爷老、甘骚卵碧都很悲伤。／他们可惜这块大平原，因为这是个好地方。／他们只有把这里的景致做成长衫，／把这些衣衫拿给年轻的妇女穿。／她们笼笼统统地穿起来给老人看。／穿起来给男女老少看。／衣衫上的花纹就是罗浪周底，／围裙上的线条就是奔流的江河。／他们又想起曾经住过的楼房，／他们又把景致做成披肩，／把这些披肩拿给年轻男子穿。／他们一左一右地披起来给老人看，／披起来给男女老少看。／他们看看那些开垦出来的田地，／他们只有把那些景致绣在围裙上，／他们把这些裙子拿给妇女穿，／她们团团转地围起来给老人看，／围起来给男女老少看。让人们看到那些开垦出来的田地，／让人们看到那些盖起来的楼房，／他们把这些当做永远的纪念，／说明苗族曾有过这样的历程……"

为了记住故乡，苗家人把迁徙经过的大小河流绣织染成"九曲江河花"（图1-68）、"三条母江花"（意指祖先迁徙经过的黄河、长江和嘉陵江）之类，又把曾经拥有的城市和肥沃的土地简化成"城池花""田园花"，笃信其发源之地在中原地区。在云南省文山州、红河州的"青苗""花苗"中，传说裙子的褶裥是表示怀念祖先故土；上半部的几何条纹象征着她们过去逃难时怎么过黄河长江的；那密而窄的横条纹代表长江，宽而稀且中间有红黄的横线

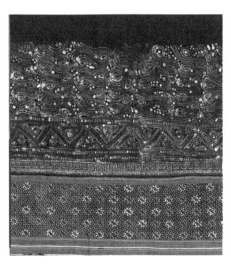

图1-68　九曲江河花纹（广西隆林苗女裙边）

❶ 哈尼阿培聪坡坡. 云南省少数民族古籍译丛第6辑. 昆明：云南民族出版社，1986.

❷ 祖先的脚印//云南省民间文学集成编辑办公室编. 哈尼族神话传说集成. 北京：中国民间文艺出版社，1990：267.

❸ 豪尼人的祖先//云南省民间文学集成编辑办公室编. 哈尼族神话传说集成. 北京：中国民间文艺出版社，1990：290.

代表黄河，这里是苗族的发源地；褶叠代表着洞庭湖的水和田，衣服上的武术动作图案象征古代的战斗❶。他们把这些图案绣在衣裙上当作永久的纪念，难怪学者们都把苗族称为"将历史穿在身上的民族"（图1-69）。

贵州小花苗百褶裙图案赏析如下。

如图1-70所示，小花苗的百褶裙运用了扎染、蜡染、刺绣等多种工艺，通过不同形式的图案来表现出小花苗先民的时空观念和世俗场景。百褶裙上的线条犹如奔流的江河，通常裙子比较明显的道有上下两条，叫"上朗"和"下朗"，上朗代表黄河，下朗代表长江；中间一道间断的道道叫"布点"，代表灌溉的水渠；裙摆部分的方形图案代表城墙……其裙摆按色彩关系可分为三个部分：下摆部深蓝色部分为"江河"与"土地"，"地"上绣有螺蛳、秋鸡眼、虫迹、毛稗四种几何纹样，加以三块方形图案组成一组的"城墙"，共同构成裙摆的装饰花边；裙中部有一方彩色刺绣的方格图案，代表耕种的土地，土地周围深色部分为"大海"；上部浅色部分为"天空"。整个裙摆由色彩的深浅变化和面积比例关系形成一种强烈的节奏感，细腻精致的几何纹样穿插其中作为装饰，给人以和谐、统一的美感。

图1-69 传说裙子的褶裥是表示怀念祖先故土（贵州普定地区）

图1-70 整个裙摆由色彩的深浅变化和面积比例关系形成一种强烈的节奏感（刘天勇摄）

（2）瑶王印纹

南丹白裤瑶男子裤双膝处各有五道红色条形纹绣，他们自己这样解释：百年前先祖与土官斗争负伤，将血手印在族人的裤子上，以表示永远不忘民族仇恨（图1-71）。白裤瑶女子的衣背上有一个方形的图案，或为"回"字，或为"卐"字，据说这是当年被土司夺走的瑶王印，把它用蜡染加绣的方式镶制在衣服和小孩的背带

---

❶ 黔东南州民族研究所编. 中国苗族民俗. 贵阳：贵州人民出版社. 1990：75.

上，以激励人们发奋努力，凝聚起部族自强不息、争取独立的信心，从而不忘这段民族耻辱的历史。如图1-72所示，"印"是在深蓝色的底布上绣以鲜亮的朱红色回字纹为中心，周围还穿插绣有黑色小方格回纹，仿佛是一个方位明确的城堡建筑平面图，形成很强烈的视觉中心。

图1-71 南丹白裤瑶男子裤双膝处的五道红色条形纹绣

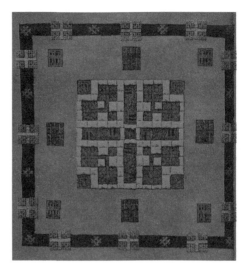

图1-72 "印"是在深蓝色的底布上绣以鲜亮的朱红色回字纹为中心（广西南丹白裤瑶）

2. 图腾信仰

图腾，相关资料解释为"他的亲族"，在原始时代人们相信人和某种动物或植物之间保持着某种特殊的关系，甚至认为自己的民族部落起源于某种动物或植物，因而把它视为民族部落的象征和神物加以崇拜。这也是发源于"万物有灵"观念的一种原始宗教信仰。信仰是在自然崇拜的基础上发展起来的，随着民族的发展而发展。我国各民族之间有或多或少相同或完全不同的图腾信仰，有的民族图腾信仰不止一种，他们将崇拜的图腾形象以符号化的形式绣制在服饰上，强化了将人们连接在一起的情感纽带，并一代代传承至今。

（1）虎纹

虎是山林中的猛兽，被称为"百兽之王"，自古以来虎就是勇气和胆魄的象征，用虎作装饰纹样有保佑安宁、辟邪的寓意。虎纹在民间服饰上运用很多（图1-73），民间喜欢给孩子戴虎头帽、穿虎纹围兜（图1-74）、虎纹肚兜、虎坎肩（图1-75）、虎头鞋（图1-76）。古羌遗裔诸族多崇拜虎，自命"虎族"者不少。同属古羌遗裔的彝、白、纳西、土家、傈僳、普米等民族，都不同程度地保留着崇虎的遗迹。其中，彝、纳西、傈僳等民族崇尚黑色，以黑虎为图腾，土家族、白族以白虎为图腾。

图1-73 瑶族围腰上的虎纹

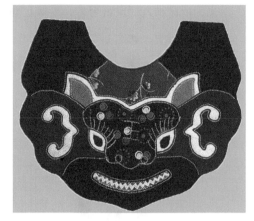

图1-74 虎纹围兜

图1-75 虎坎肩

图1-76 虎头鞋的绣花样

　　彝族的传统服饰，男子全身皆着黑色，以黑为贵。古时彝族人被称为"罗罗"，即为虎意，明文献《虎荟》卷三载：罗罗——云南蛮人，呼虎为罗罗，老者化为虎。彝族著名民歌《罗哩罗》即是对虎的颂扬。世居滇南红河流域的彝族"纳楼部"有黑虎之意，据纳楼土司后裔说，"他们对虎有一种神秘的观念"，感到"祖先与虎之间有某种内在联系"。祭祖时，必须在祖先（普向化）的塑像上披一张虎皮，因为传说这位祖先是其母感虎而生，生后尚能人化虎、虎化人。在彝族地区，女子身围虎形围腰，大约有希望她们的肚腹为虎族多孕虎子或纳入虎族的用意。男人穿绣有老虎图案的衣褂，作为节日庆典的盛装；老人足履虎形鞋，毕节彝族新娘出嫁时要戴绣有虎头纹的面罩，小孩出生时要戴虎帽、围绣有虎纹的肚兜，穿虎形鞋，以表示"虎族又添后代"。

土家族自古崇尚白虎，祭祀祖先巫师带领祭祀跳摆手舞时，用的小旗上均画虎纹。土家人自称"毕兹卡"，据说"毕兹"有白虎之意，"卡"为家之意。土家族地区以虎为地名、人名的很多，土家族织锦上的纹样很多也以虎为题材，比如有名的"台台花"纹样就是虎头形变化而来的（图1-77）。如图1-78所示，台台花土家锦上的虎头纹犹如青铜器上的饕餮纹样，神态夸张、鼓目瞪眼的样子，钢针似的胡须，虎威犹存。而大大的鼻孔，扁扁的脸，又有几分孩子似的可爱。这种台台花织锦多用作小孩"窝窝背篼"（摇篮）的"围盖"（被子），带孩子出门时母亲将围盖搭在小孩头和身上，求其驱凶辟邪。虎寓于"抚"，有保护孩子健康成长之意。白族服饰崇尚白色，自称是虎的后代，崇尚白虎，称自己为"劳之劳农"，意为虎儿虎女，每年三月后要给小孩佩戴用碎布缝制的小虎，且戴绣制精美夸张的虎头帽，穿活泼可爱的虎头绣鞋。

以上各类虎纹大多造型简洁、稚拙，多以对称形式展现，具有民族民间特有的美。

图1-77　土家锦台台花纹饰中的虎头纹

图1-78　台台花土家锦，虎头纹犹如青铜器上的饕餮纹样，神态夸张，鼓目瞪眼的样子

（2）龙纹

龙纹是中华民族的象征，也是图腾崇拜的产物。我国早在夏族的时期，由夏族蛇图腾与羌族等氏族部落的图腾合并而成的龙图腾就已出现。直至夏朝建立，龙图腾在中原地区广泛地传播开来，并与其他的图腾继续合作衍变。直到今天，先民的龙图腾仍然对中华民族具有巨大的影响力。我们现在自称是"龙的传人"，即与古代龙图腾崇拜相关，"龙"被视为中华民族的象征，可以说是古代龙图腾的现代遗存现象之一。

我国南方许多少数民族崇拜龙，龙是人们依据蛇、蜈蚣等虫类形象想象出来的形象，甚至被一些民族将其结合其他动物一起崇拜，广西瑶族人崇敬的狗被冠以了"龙犬"的称谓。至今可以看到瑶族女子服饰上许多似狗非狗的"龙犬"的纹样。瑶族服装整体的表

图1-79 花瑶衣背织锦花（龙犬）

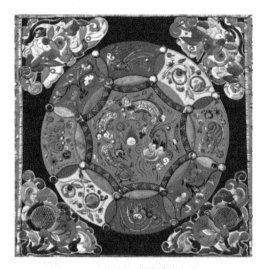

图1-80 侗族刺绣背带盖片龙纹

现，自有长尾斑衣的古俗，以仿效五彩龙犬的模样。另外，在广西融水花瑶、龙胜红瑶的女子服饰上，也出现有龙犬的具体形象，花瑶的挑花更像一条龙（图1-79），红瑶的龙犬有的在肚子里绣上很多人形，标志着繁衍。

侗族以龙蛇为神灵，并作为本民族的保护神和象征加以崇拜。侗族神话《元祖歌》里说了宜仙、宜美生下六个儿女：龙、蛇、虎、雷、姜良、姜妹，因此龙蛇也是侗族祖先的同胞兄弟。侗族建筑及各种装饰中均有龙蛇图案，清代末年，侗家常有自称为"蛇家"的，可见对龙蛇的崇拜在侗族中影响深远，在服饰绣品上的龙纹是善良、灵巧、可爱的形象，经常被运用在背带盖片、围裙、袖、衣襟等明显的部位。

侗族刺绣背带盖片龙纹赏析如下。

如图1-80所示，背带盖片的中心纹样由龙纹组成，龙的形象灵活乖巧，整个身体分成四段，每段首尾都以如意云纹装饰，四周有八瓣绣有花草、凤鸟的纹样的花瓣围绕，显得纹样饱满。刺绣纹样的色彩使用也极其丰富，大量采用橘黄、紫红、蓝、绿等色，对比色的运用分布也相当考究。工艺手法运用了侗族特有的针法——马尾绣，并钉有亮片作点缀，更赋予了它精巧、细腻的神韵。如此动人的纹样、华丽的色彩及精致的工艺，非常完美地体现了侗族女子的审美水平。

龙纹也是苗族服饰纹样造型丰富的纹饰之一，龙的造型是在苗家人的想象中综合了各类动物的形态而产生的，非常富有想象力与创造性。苗族服饰上的龙纹图案一般由是由水牛的头和角，羊胡、虾须、泥鳅般的粗短身躯、无爪和鱼尾构成，加以简洁的形体，显得质朴可爱、平易亲切，体现出不同于汉族的审美情趣（图1-81-1、图1-81-2）。苗族认为牛、龙相通，有时视牛、龙为一物，牛变龙，牛角龙，都有牛、龙合体的意思。在黔东南、湘西等地苗族盛行一种古老祭典，名叫"招龙"，二三十年搞一次。招龙的意义是祭奠祖先，保寨安民，乞求风调雨顺。祭典中的龙就是牛。龙的造型结合了许多神话传说，经常加以牛头、凤脑、蛇身、鱼身等形成多姿多彩的龙的形象，因此

图1-81-1 苗族衣服上绣有鱼龙纹样（刘天勇摄）

图1-81-2 苗族衣袖上的龙纹图案（刘天勇摄）

也被称做牛首龙、蛇龙、蜈蚣龙、人头龙、鱼龙，等等。

苗族女子服饰龙纹赏析如下。

① 蜈蚣龙、蛇龙纹样 如图1-82所示，这是一块苗族服饰（衣背）上的刺绣，蛇龙的纹样处于正中心的位置，蛇龙造型修长柔软，有蛇须，两眼圆睁，显得很精神，龙身有龙鳞，两龙头相对形成图案的正中心，两条龙身围绕龙头呈S形共同组合成为一个圆形，构图完美而统一。衣背边缘装饰的是蜈蚣龙纹样，蜈蚣头形，身体修长而纤细，呈蜿蜒曲线状，从头至尾长满须鳍，犹如蜈蚣的足一般。在蜈蚣龙和蛇龙纹样的周围还填满了其他纹样，所有图案用色丰富大胆，视觉效果极为华丽而又不失拙朴之感。

② 水牛龙纹样 苗族人对牛有着深厚的感情，先民曾以牛为图腾，在苗族古歌中传说牛是人祖姜央的兄弟，因此不少苗绣中牛龙成为主要的纹样出现。如图1-83所示，龙头上明显加上了两个长

图1-82 蜈蚣龙、蛇龙纹（苗族 刘天勇摄）

图1-83 水牛龙纹

长的水牛角，身躯粗壮，增加了龙的威猛感。龙纹周围的鸟、鱼、人等的造型均拙朴可爱，用色浓艳，针脚细密，是施洞一带苗族刺绣的风格。

③ 蚕龙纹样　蚕是苗族人纪念的对象，被称为"姐姐虫"（甘阿），与人有密切的关系。蚕龙纹样多用于贵州敁里、台江、雷山一带苗族女装衣袖上。通常造型为龙头蚕身，身体短胖，身躯呈波浪形蠕动状，具有蚕虫的特点。如图1-84所示，两条蚕龙形态生动可爱，均以方孔钱为中心围绕其左右，有求富足有余的含意，周围辅以鱼纹和花草纹，既强调出图案的对称性，又不失单调乏味，加上艳丽的色彩，整个图案给人以热烈喜庆的印象。工艺上，蚕龙全身用皱绣的技法来完成，刺绣密实，结构精巧，耐人寻味。

图1-84　蚕龙

④ 凤头龙纹样　凤头龙并非是凤的头，而是包括其头（如鸡）的龙纹。如图1-85所示的是黔东南施洞地区苗族女子的衣袖图案，图案中间部分是主体纹样，其龙纹的头部有如鸡一般的尖嘴，头顶有羽冠，身躯还是如蛇身长满鳞甲，呈S形占据了画面大部分，图案以红色为主色调，黑色为底，纹样的造型极其鲜明突出。再如图1-86所示的是苗族女子的胸兜龙纹图案，龙纹的头部也如同鸡头造型，长长的身躯蜿蜒盘旋，整个图案饱满，色彩丰富，绣工精致。

（3）蛙纹

历史上，蛙纹的运用很多，据载，所谓骊山女娲氏的蛙图腾是一幅画在彩陶盆壁上的蛙纹（实为蟾蜍）写实图画。专家们认为，她与鸟纹、鹿纹一起，同属仰韶四大图腾形象。蛙纹图腾形象及变形图案在整个黄河流域仰韶文化遗址中几乎到处可见，东起河南渑池的仰韶，陕县的庙底沟，西至甘肃临洮的马家窑都有发现。还有在洛川出

图1-85 凤头龙纹

图1-86 苗族女子胸兜上的凤头龙纹

土的汉代青铜蟾蜍水盂以及三足蛙，都说明了先民曾对蛙有过崇拜的遗迹。千百年来蛙的崇拜在民间刺绣中传承下来，成为广泛运用的装饰纹样。在陕北、陕西、陇东民间刺绣中有很多蛙形、蛙纹出现，如蛙布玩具、蛙枕（图1-87），在陕西千阳民间流传着许多关于蛙的传说，如蛙招亲、蛙读书、蛙取经、蛙当皇帝，等等。风俗中，蛙枕还是男女之间定情的信物。

少数民族也有蛙的崇拜，纳西族称蛙为"巴丁拉木"（青蛙女神之意）。壮族、苗族视蛙为雷神的女儿，每年要过"蚂（青蛙）节"，

图1-87 陕西民间蛙枕

以保佑风调雨顺，生产丰收，人丁兴旺。在广西苗锦中有一种蛙纹的织锦，蛙纹样简练而特征明显，有着夸张后的方头、一对曲折而有弹性的长腿，前腿完全省略。广西瑶族民间有"青蛙鸣叫，天可降雨"的说法，与英国人类学家弗雷泽在《金枝》一书中所说"青蛙和蟾蜍跟水的联系使它们获得了雨水管理者的广泛声誉"极符合。瑶族服饰上的蛙纹通常以对称形式出现，图形简练概括（图1-88-1、图1-88-2）。黎族人视铸有蛙纹的铜锣为"铜精"，是最珍贵的财富，在婚娶中作为男方送给女方贵重的彩礼。黎族民间创造的蛙神是男性，具有英武的形象，通常蛙纹造型夸张，大胆省略前腿，增长后腿，巧妙地表现出青蛙跳跃的动态特征，如图1-89所示。

图1-88-1 广西融水花瑶服饰上的蛙纹图形　　图1-88-2 广西融水花瑶服饰上蛙纹造型　　图1-89 黎锦中的蛙纹形象英武

（4）鸟纹

鸟图腾或鸟崇拜，殷商时期就存在。"天命玄鸟，降而生商。"玄鸟由此而被视为喜神。在我国许多少数民族服饰中，有一种叫"百鸟衣"的服饰，衣服全身绣满五彩图案，这些图案基本都是以鸟的造型为主，千姿百态，十分生动。在苗、彝、瑶等少数民族服饰中都有百鸟衣的身影（图1-90），而且至今都流传着百鸟衣的传说。较有名的如壮族的《百鸟衣》、藏族的《百雀衣》、白族的《百羽衣》、布依族的《九羽衫》、朝鲜族的《鸟羽》、蒙古族的《黄雀衣》，等等，它们都把服饰作为故事的契机。

苗族服饰上的鸟纹造型有悠久的历史，苗族古籍称之为"鸟服卉章"，说明鸟纹大量出现在服饰上与苗族祖先崇拜鸟、以鸟为图腾有关（图1-91-1～图1-91-4）。苗族

图1-90 苗族传统"百鸟衣"服饰（榕江平永地区）　　图1-91-1 百鸟衣上的鸟纹

图1-91-2 苗族百鸟衣上的鸟纹　　图1-91-3 贵州安顺女围腰上的鸟纹　　图1-91-4 鸟纹大量出现在苗族服饰上

古歌《开天辟地》中说：天地是由巨鸟科啼生出来的，同时又生出一群开天辟地的巨人神。因而鸟得到苗人的普遍而又广义的崇敬。南丹中堡苗的衣裳挑花中，有似长着双角的鸟纹反复出现，甚至布满整块背花。有首苗族古歌里唱到："以前不聪明，后来才聪明，哪个最聪明？有个后生最聪明。他上坡去打猎，得到一只锦鸡，送给心爱的姑娘。姑娘仿照锦鸡的模样，打扮自己的全身，高高的发髻，好像锦鸡的羽冠；宽宽的花袖子，好像锦鸡的翅膀；密密打褶的裙子，好像锦鸡雄的羽尾。苗家的姑娘呦，就像美丽的锦鸡。"作为苗族经久传颂民族创世神话中的一个层面，古歌里的巨鸟是为许多苗族支系崇拜的形象，并引申为对诸多鸟雀的敬重和模拟。苗家人在重大节日和庆典活动中常穿着百鸟衣，在欢腾的鼓声中翩翩起舞（图1-92-1、图1-92-2）。

图1-92-1　苗家人在重大节日和庆典活动中常穿着百鸟衣（刘天勇摄）

图1-92-2　百鸟衣（刘天勇摄）

　　侗族、瑶族的服饰中也出现有大量鸟纹。瑶族女子衣摆、衣袖、腰带等处都常有鸟纹图案，鸟纹的造型抽象简练，具有很强的装饰性。侗族民间传说，在先祖造人时造出的孩子漫山遍野，不计其数，是凤鸟和仙鹤养育并照料了这些孩子，在民族迁徙迷失方向时又是大鸟导航，才脱离险境。作为百越的后裔，侗族人保持着"敬鸟如神、爱鸟如命"的传统，至今在侗族地区的鼓楼顶尖上，大都塑有一只鹤（鸟），风雨桥上的中端亭顶上也塑有鹤。因此，侗族服饰上运用鸟纹也很多，造型种类非常丰富。如图1-93-1、

图1-93-2所示侗锦中的凤鸟纹形体简洁、概括,用正方形构成凤的身和尾,长方形构成翅膀。广西龙胜侗族地区的习俗是,未过门的媳妇要为婆家每个老人准备一块侗锦,称为寿被,图案一般都采用"龙头凤纹锦"或"龙头飞鹰锦",用它表示对老人艰苦一生的颂扬与祝福。它由长短折线组成对称纹样,有极强的装饰性。湖南通道的侗族织锦喜以飞鸟为主题纹样,织锦头帕喜用昂首挺胸的鸟纹作边饰,它们或相对而视,或展翅飞扬,简练的几笔刻画出蓄势而发的生动造型。广西三江侗族的胸兜及背带盖片上的鸟纹大量运用,细腻的笔触描绘出鸟雀或飞、或挺停、或悠然戏水、或回颈梳翎的各种形象(图1-94)。

图1-93-1 侗锦中的凤鸟纹

图1-93-2 侗锦中的凤鸟纹

图1-94 三江侗族胸兜上的鸟纹

　　黎族的织锦和筒裙上也有很多鸟纹,黎族传说其祖先"黎母"少时为孤女,是"纳加拉西"鸟含谷子将其喂大,因此鸟也成为黎人的保护神。土家锦、白族服饰上的鸟纹相比较而言,两者的鸟纹装饰性都强,土家锦上的鸟纹更多是以直线形式表现的(图1-95),而白族服饰的刺绣鸟纹样更多以曲线形式表现(图1-96)。

　　苗族女子服饰的鸟纹图案赏析如下。

　　贵州以安顺普定一带"花苗"支系的鸟纹为代表,有两种突出造型,其完成的鸟纹,呈几何形状,有长长的尾羽,两翅对称张开作飞翔状,头顶有一对天羽,如孔雀头形状。另一种形态呈平面剪影式，用线条勾画出鸟的形状，多为写意式。这两种鸟纹一般绣在衣背或围腰上。往往是一幅图纹由几组造型神态、形体各异的鸟纹组成。纵观苗族刺绣中的鸟纹，均有一个共同特点：着重夸张鸟的啄、爪、翅，缩小鸟的躯干，造型拙朴生动，多以对称纹样处理，整个构图规整及概括，在服装上具有很强的装饰功能（图1-97）。

图1-96　白族服饰的刺绣鸟纹样更多以曲线形式表现

图1-95　土家锦上的鸟纹更多是以直线形式表现的

图1-97　苗族服饰上装饰性极强的鸟纹

（5）人纹

在古代先民"万物有灵"的思想中，人类相信自己在广袤宇宙中的地位，相信团结的力量，因此发展为对人自身的崇拜，原始岩画中就有人类捕猎成功的场面，生活用具的装饰图上也有人与自然相处的情景，神话传说中有女娲用黄土造人，密洛陀用蜂蜡造人，人作为被崇拜的对象也常常反映在服饰上，认为人形符号作为护符或替身，可帮助有血有肉的真人抵挡一切灾难。这些纹样有的以单个或一对对的形象出现来表现生活场面（图1-98-1、图1-98-2），生动可爱；有的则以集群形象来抢夺人的视线，如广西三江侗族女子服饰以及小孩口水兜上的拉手的小人（图1-99），气势磅礴，仿佛在呼唤一种集积的力量。

人纹在黎族织锦做成的短裙上很常见，人纹黎语称之为"Yu"，即鬼神之意，实际上是对祖先的崇拜。黎锦上的人纹图案多种多样，大多概括简练、形象夸张、特征明

图1-98-1 苗族服饰上生动可爱的人纹　　　　　图1-98-2 苗族围裙上的人纹图案

显。有的有长长的颈部，头上戴着首饰，显现出楚楚动人的姿态（图1-100）。有的人纹图案显示了人的勃勃生机和力量感，如图1-101所示，四肢粗壮，两足有力地站立着，每个足都被夸张成有六个足趾的大足，充分表现了力度；同时大小人纹中间套有小人纹，大人纹外嵌小人纹，重重叠叠，一派人丁兴旺、气势磅礴的景象。

图1-99 侗族小孩围兜上的拉手小　图1-100 黎锦中姿　　图1-101 黎锦中的人纹
人纹样　　　　　　　　　　　态端庄优美的人纹

　　湖南土家族织物上还有表现浓郁民风民俗特点的婚礼场面图案，婚礼场面的人形纹为正面，夸张四肢，多呈二方连续横向排列，图案组合注重节奏感和层次感，图案中人们成群结队送亲，抬着新娘的花轿，牵牲畜、送聘礼。前面是吹打乐器的男宾，后面是抬着礼品嫁妆送亲客，场面生动热烈，象征着民族的繁荣与昌盛（图1-102）。

　　白族、彝族和苗族服饰上用人纹图案也很多，但与别的民族不同的是，白族服饰上的人纹图案更生动形象，拙朴可爱。如图1-103所示，人的五官表情清晰，有头发和四肢，手和脚还进行了特别点缀，服装穿着和周围环境协调，将人纹和花、鸟、蝶纹共同绣制在同一幅图上，表现出人和自然和谐共处的美好情景。云南彝族绣花裙上的人纹也很有意思，如图1-104-1和图1-104-2所示，人纹的头部忽略了五官，夸张了头饰，将身体化为简洁的几何形状的组合，人纹呈竖向和横向直线重复排列，但注重色彩的变化，呈现出强烈的节奏感。

图1-102 土家族织物上的人纹图案

图1-103 白族服饰上的人纹图案

图1-104-1 人纹（云南彝族）

图1-104-2 人纹（云南彝族）

此外，高山族服饰上的刺绣人纹也很有特色，有的只是表现了人的头部（图1-105），头发披散，头戴高高矗立的装饰物，五官用海贝点缀，肯定而突出了人的精神面貌。还有将人纹与其他动物纹样组合表现的，如图1-106所示的是将人纹与蛇纹

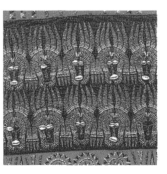

图1-105 高山族服饰上的刺绣人纹

图1-106 高山族人形纹、蛇纹

组合在一起，人头被夸张成三个头，突出了人的智慧和力量，蛇纹是左右各一条以头部顶起人足，围绕在人的下半身，形成一个外形饱满的图案。有的还穿插以鹿纹等动物图案。高山族人纹的装饰手法丰富多彩，衣服的前襟、下摆部位、袖口等处都是装饰人纹的重点。

在瑶族人的思想中，图像具有生命的灵性。瑶族服饰上的人纹图案，有成千上万牵手集结为长阵的，有独自站立于初开混沌的，有头顶横板、伸臂叉腿作"天"字形的，有曲张四肢如蛙之状的……这些人形符号被瑶族人作为护符或替身，可帮助人们抵挡灾难（图1-107-1～图1-107-5）。总的来说，这些人纹不论造型还是装饰方法都很有特色，体现了瑶族人独特的审美观。

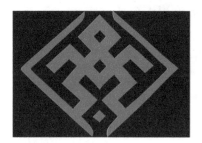

图1-107-1　花瑶女子衣服上的人纹图案

图1-107-2　广西南丹白裤瑶女子衣背部人纹图案

图1-107-3　广西南丹瑶族服饰上的人纹图案

图1-107-4　花瑶女子衣服上的人纹图案

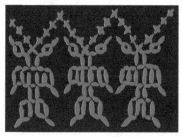

图1-107-5　盘瑶女子头帕上的人纹图案

3. 天地万物

在民族服饰纹样中，有许多表现天地万物的纹样，这类纹样不仅注重装饰效果，更重要的是表现对大自然的崇拜。其中，大多以对日、月、星辰、大地、大树等等的崇拜为主，人类面对大自然，通过身着的服饰，用这些美丽的纹样，在有限的天地中创造和表达出无限的精神世界。

（1）太阳纹

我国崇拜太阳的历史可推及至原始社会，原始岩画曾对太阳做过形象的记录，古人对太阳崇拜的典礼也是非常隆重的，殷墟卜辞中就有许多"入日""出日"的记载。炎帝、太昊、东君都是古代的太阳神，在各民族中也都有关于太阳崇拜的方式。太阳既能给人类带来光明和温暖，也能造成干旱酷热，降灾难于人类，因而，各民族又多有射日的神话。由此太阳的纹样成为护佑人类的吉祥符号并在诸多民族服饰上频频闪光（图1-108-1、图1-108-2）。

图1-108-1　太阳纹（苗族蜡染纹样）

图1-108-2　太阳纹样（苗族服饰上的蜡染纹样）

彝族是一个崇拜太阳的民族，彝族的创世史诗《梅葛》唱道："她们的始祖格滋天神放下九个金果变成九个儿子，九个儿子中有五个造天；又放下七个银果变成七个姑娘，其中有四个造地。天地动摇，用大鱼稳住地角，用老虎的四根大骨作撑天柱。天上出现九个太阳，格滋左手拿錾，右手拿锤，把多余的八个錾掉……"如图1-109所示的彝族背带，四个红色块、四个蓝色块展示出造天地的儿女；也

图1-109　彝族背带上的卐字符号，代表永远不落的太阳

是九个太阳，中间的一个卐字符号，正是那颗永远不落的太阳。彝族称这种图纹为"挡花"，常护在身体最重要的部位。太阳旋动的光焰能抵挡所有的邪恶。

瑶族服饰上的太阳纹更多的是为了渲染女子形象，太阳是该族创世神话中女神开天辟地、执掌乾坤的创世勋章，作为普照万代的一个滋养生命的光环。分布在广西、贵州的瑶族女子喜欢刺绣，她们的头帕上、花带上几乎都绣有被图案化了的太阳纹样（图1-110-1、图1-110-2）。太阳纹有的以大圆套小圆的形式出现，有的将太阳幻化为齿状多边形，充分体现出装饰的特点（图1-111）。

图1-110-1 瑶族
服饰上图案化了的
太阳纹样

图1-110-2 瑶族服饰上图案化了的太
阳纹样

图1-111 盘瑶女子头帕上的太阳纹呈齿状多
边形

侗族的太阳崇拜，在百越时期就已形成，在广西出土的大量铜鼓面上，都有放射的
太阳纹，侗族《祖源歌》中说，远古时代，洪水泛滥，淹没了大地，侗族的始祖母萨天
巴（侗族中至高无上的女神）以九个太阳照耀大地，晒干了洪水，拯救了万物，人民得
以生存，但大地又被十个太阳晒得枯焦，姜良、姜妹请求皇蜂发神箭射落了九个太阳，
只留下原来的一个，使大地恢复原有的生机。侗族的母亲们感谢太阳带来的温暖和光
明，祈求太阳神保佑自己的儿女能逢凶化吉、健康成长，因而对太阳有着特殊的感情，
如带孩子外出要在孩子肚脐周围用锅烟画太阳纹，以象征太阳神，认为这样能驱邪除
病。将太阳纹用于儿童背带服饰上就成了儿童的保护神。

侗族刺绣背带盖片图案赏析如下。

侗族的背带盖片大多是正方形，上面绣满如谜一般的纹样，常见的是以太阳为中心
围绕八个小太阳的图案，四周的四条边用较宽的纹样装饰，强调了方形的结构，大概有
天圆地方之意。这种形式在民间俗称"八菜一汤"的盖片格式，在广西三江同乐乡平溪
村是很普遍的。如图1-112所示的太阳纹背带为黑底色，中间大的太阳纹用蓝绿色缎面
为底，绣有花朵和凤凰纹样，四周围绕八个小太阳为一冷一暖的底色，分别绣有小鸟和
花草的适合纹样，背带盖片上所有大小太阳纹的光芒均用细线绣成齿状，将太阳的特点
充分地展现出来，既有光芒四射之感，又有几分神秘的意味。此外，方形的四角还装饰
了四块绣有精美花纹的三角形，将大小九个太阳纹紧紧地包围起来，图案结构紧密，形
成很强的视觉张力。另一幅背带盖片（图1-113）背带中间的大圆形是由曲线组成的抽
象图案，由中心向外扩张，每一层的纹样都有变化，大致近似花瓣纹，正中心处是一个
很明显的"米"字纹，纹样细腻精美，色彩丰富。太阳纹的周围有四棵枝干相连的大榕

树纹，据说榕树是侗家崇拜龙的一种转化形式，是他们的精髓支柱，和太阳纹组合在一起，成为形式丰满、色彩绚丽的绣品。

图1-112　以太阳为中心围绕八个小太阳的图案

图1-113　侗族背带中心是大大的太阳纹样

（2）月亮、星宿纹

侗族也崇拜月亮，认为月亮是人们的避难之处，是可以依赖的神，每逢八月十五的夜晚，寨内儿童会将一个柚子穿于竿尖，上插点燃的长香，成群结队对月高呼喜跃，或手持圆月形饼子，向月示意。在侗族创世史诗中，有《救月亮》的古歌。侗族刺绣背带片上有圆形并带齿状发射纹样，如图1-114所示的当地称之为月亮花，在《史记·天官书》中，古人将天化为五大区域，列九十一星组，《史记正义》注中有"婺女四星，亦婺女"，又有"婺女……主布帛裁制、嫁娶"，如此看来月亮花的周围是婺女的

图1-114　月亮花和星宿纹形式统一

四星，侗家女绣的这幅图案正是指月光下正在绣着背带花的她们，月亮花和星宿纹形式统一，都采用锁绣完成装饰，如秋高气爽时明月高悬夜空，宁静而恬美的意境，纹样、色彩和内容达到统一和谐的美。

如此这类月亮及星宿纹样在湖南通道、广西三江侗族背带中常常能见到，尤以湖南通道独坡乡的背带为典型（图1-115），背带中央绣饰一个大大的圆形纹样，四角各有一个小圆纹，在圆纹的周围布满冠状花纹，边缘呈放射线条状。这组纹饰被统称为"月亮花"，中心纹样象征月亮，四角纹样为星宿，整幅图案采用古老的锁绣技法，黑底白纹，以彩线点缀其中，显得古朴而神秘。

另一幅月亮花背带，整幅图案色彩素雅，中心纹样月亮花采用锁绣成同心圆的图案，黑底上用银白色的丝线绣成各种纹样，同心圆代表月亮的光辉，绣工细腻精湛，真是月光如水一般（图1-116），有的背带用少许彩色线在深蓝色如漆似的侗布上绣上月亮花，中心用宝石蓝和淡紫色的线绣上蜿蜒多变的曲线，四周是榕树形成铺天盖地之势，丰富而饱满。

图1-115　侗族背裙上中心纹样象征月亮，四角纹样为星宿

图1-116　侗族刺绣背带

（3）树纹

树在人类远古神话中，有时是人攀援登天，与天对话的天梯；有时是支撑天地不致塌陷的顶天柱。树从地面耸起，直指天空，可寄托人类与天相接、与日相交的理想和愿望。因而，人们选择树作为生命欲求的支撑，让天地沟通，万物有了繁衍生存的空间。

贵州、广西的侗乡属亚热带地区，村寨周围常可见到四季常青、根深叶茂的千年古榕，当地"榕"与"龙"同音，因此榕树又被称为"龙树"，人们喜爱榕树、崇拜榕树，尊之为"生命树"，希望自己的族群都能够如榕树般具有旺盛的生命力，子孙后代像榕树一样根深叶茂。凡体弱多病或生辰八字不吉的孩子，父母担心难以养育，便带他们到村寨的榕树下焚香烧纸，祭拜榕树为父，以后每逢岁时节日，拜过父的孩子都要前来祭拜，并把花纸钱贴在树干上。

侗族的背带盖片上大多绣上榕树纹，盖片的中心是圆形的太阳或月亮纹，四周绣着四株繁茂的榕树纹，多以锁绣技法绣饰枝干，或盘根错节，或挺拔直立、华冠葱茏，布满整个背带盖片，成为生命旺盛的象征（图1-117）。侗族《捉雷公的故事》说，姜良射日时，是沿天梯马桑树登天，射下九个太阳的。天王见马桑树长得太高，地上的人总来找麻烦，就咒道："上天梯，不要高，长到三尺就勾腰。"马桑树于是不长了。绣在侗族背带上的四颗大榕树，显然更具有顶天柱的性质，是侗家现实与理想的精神支柱。

瑶族神话故事里说："人在地下说话，天上也能听得到"。为此，人类设计出可与天地沟通的天梯或撑天树。瑶族有一则神话说："远古时光，天是靠一棵树撑起来的，所以，天地相隔很近，地上的人经常沿着树爬到天上去玩。"瑶族服饰纹样中，大树的形象多显示出一种雄伟庄严的孤傲姿态（图1-118）。如图1-119所示，广西融水地区的瑶族挑花带，带上的树纹很明显，占据很大篇幅来展示其造型，那一组组集中排列的线条形成了树冠的外形，树的顶端和树根处用短线交叉，上下呼应，既有装饰美，又显现其高度，体现出一种独特的表现手法（图1-120）。有的树纹层叠紧密地出现在服饰上，成为他们心中的森林，代表了勃勃生机（图1-121）。

图1-117 榕树纹布满整个背带盖片，成为生命旺盛的象征

图1-118 瑶族服饰纹样中，大树的形象多显示出一种雄伟庄严的孤傲姿态

图1-119 瑶族花带上的树纹

图1-120 瑶族挑花带

图1-121 层叠的树纹成为森林，代表勃勃生机

4. 生殖崇拜

从古至今，对子孙繁衍的重视及对爱情忠贞专一的歌颂一直是民族服饰艺术反映的主题。其表达方式十分丰富，主要特征是借物寓情的隐喻。即借助于天地万物生长过程中与性爱和繁殖有关的现象，以各种纹饰表达出来，如用成双成对、多子繁殖的动植物来隐喻爱情，其中喻体往往具有个别性、形象性、有限性的特征，本体则具有普遍性、抽象性、无限性的特征。反映在民族服饰的纹饰中，常见的有"双龙双凤""对鸟""双鱼""双石榴""蝶与花""鸟与花""鱼与莲""并蒂莲"等，这些纹样都暗示着男女情爱、生殖繁衍的寓意。这也正符合了中国本原哲学体系中的"阴阳相和生万物，万物生生不息"的观念。在服饰图案的表现上，常以几个字的主题出现，如"麒麟送子""凤穿牡丹""鱼戏莲"等。

（1）双鱼纹

鱼是繁殖能力很强的一种生物，历来被视为多子的象征，在远古习俗中是中原民族所崇拜的婚配、生殖和繁衍之神物，苗族人至今还有举行鱼祭的习俗。在十三年举行一次的"鼓藏节"上，祭祀的主持者和鼓藏头必须用麻绳将干鱼片三五条拴在自己头上，并跳"米汤舞"，苗家认为鱼命大、多子，而麻割后复生，代表长寿。鼓社祭的目的，就是祈求祖先保佑家族"子孙像鱼崽。富贵如涨潮"。大部分苗族地区老人过世后举行的"招魂"仪式，一定要有鱼供祭，意在祈祷祖先保佑子孙发达、平安、吉祥。所以，鱼纹在服饰中大量出现也成为必然，双鱼形式出现的纹样寓意自然更加明显。

水族的彩色蜡染衣上鱼纹运用较多，鱼纹通常以双鱼或四条鱼相对出现，嘴部在中心形成花一样的图案，构图非常巧妙（图1-122）。剑河地区的苗衣上绣有旋转状的双鱼，如太极图般的方向构成，鱼的造型相当简练，只保留了基本特征（图1-123）。如图1-124所示的两条鱼纹面朝宗庙形成主体纹样，四周围绕着蝴蝶、小鸟和花卉，构图对称均齐，为蓝紫色调，显得严谨和雅致。江苏南通地区的蓝印花布上也印有对鱼的纹样，如图1-125所示的是双鱼吉庆的纹样，中心图案是两条生动醒目的鱼，用以圆环围绕，构图更加完美喜庆，体现了人们追求圆满的心理。

图1-123　旋转状的双鱼，如太极图般的方向构成

图1-122　水族彩色蜡染衣上鱼纹，嘴部在中心形成花一样的图案，构图非常巧妙

图1-124　两条鱼纹面朝宗庙形成主体纹样，构图对称均齐

图1-125　双鱼吉庆的纹样，体现了人们追求圆满的心理

（2）双凤纹

凤的最初造型源自玄鸟（即燕子），是我国古代东夷族的图腾，后来被人们创意出一种集众鸟精华于一体的凤。秦汉时期，凤在民间被视为能够引导人类灵魂升天再生的神灵，凤纹在汉代基本定型。《诗·大雅·卷阿》中记载"凤凰于飞，翙翙其羽"，凤纹常和龙纹结合运用，用来祝福夫妻和谐美满。

如图1-126所示的是民间龙凤呈祥花布，龙

图1-126　民间龙凤呈祥花布

纹在左上方向，姿态矫健，旋身向凤，凤纹在右下方向，展翅翘尾，举目眺龙，周围朵朵牡丹，一派祥和之气，反映出阴阳谐和的观念。如图1-127所示的是江苏南通的双凤纹花布，蓝底白纹，色彩清新，凤纹左右相对，姿态优美，作展翅飞翔状，四周围绕各种花纹，象征和谐美好的状态。还有的凤纹和石榴纹结合（图1-128），寓意因石榴"千房同膜，千子如一"，被民间视为象征多子的祥瑞之果。石榴纹也成为一种吉祥纹饰，石榴和凤配合，"凤"和"福"谐音，构成了"多子多福"的寓意。

图1-127 江苏南通的双凤纹花布

图1-128 苗族背裙上的凤鸟纹

此外，苗族服装上也大量出现有双凤的纹样，通常凤鸟是围绕花朵作展翅飞翔状，翅膀和身体是装饰主体，色彩艳丽，形象拙朴可爱（图1-129）。瑶族服饰上也爱用凤纹，刺绣工艺细腻，造型生动，非常注重细节的表现（图1-130）。

图1-129 凤与花（刘天勇摄）

图1-130 瑶族背裙上的凤纹

（3）鱼戏莲

鱼为丰产的象征，本属阴性动物，但当与莲花等阴性植物结合到一起时，民间又赋予了鱼阳性的特征，故而民间以各种形式出现的"鱼儿戏莲"图案，基本上都是表现了男欢女爱和对多子的向往（图1-131）。

陕西民间刺绣坎肩（图1-132），绣工细致精良，色泽艳丽，线条舒展。莲花作为主体纹样位于服装中心部位，两条金鱼造型姿态优美灵活，分别位于莲花左右两侧，构图对称均衡，采用了色彩渐变手法，平添了几分活泼自在的情调。如图1-133所示的是南通民间鱼戏莲的蓝印花布，在装饰手法上，运用了传统的夸张变化等手法，以自然形象为基础，加以提炼和概括成的图案，反映出人们质朴的心理，因而在形式和内容上都达到了完美的统一。

（4）蝴蝶与花

蝶花之恋几乎是中国民间具有普遍意义的一种象征爱情的符号，从生态学上讲，蝴蝶与花卉是共生链的一环，蝴蝶离不开花，花也离不开蝴蝶，因而民间往往将蝴蝶与爱情相提并论。蝴蝶一次产卵无以计数，是多子的象征，具有繁衍生命的意义。民族服饰中往往以蝴蝶寓意人丁繁衍兴旺，这也是我国民族传统农耕社会需求劳动力和传统生育观的一种折射和反映。此外蝴蝶姿态优美，被民间誉为"会飞的花朵"，是美丽的化身、美好的象征，成为人们对美的一种憧憬与向往。蝴蝶纤细的翅膀上还承载着人们对未

图1-131 "鱼儿戏莲"彩印花布（山东）

图1-132 陕西民间鱼戏莲坎肩

图1-133 南通民间鱼戏莲的蓝印花布，以自然形象为基础，加以提炼和概括成的图案

来、对美好事物的希望和追求。典型的有民间喜爱的蝶恋花蓝印花布（图1-134），儿童刺绣围兜（图1-135）。

少数民族的服饰上更多出现蝴蝶与花的图案，仫佬族服饰绣片上的蝶花纹主要用作服饰中心部位图案，蝶与花都做了简练的装饰效果处理（图1-136），整体呈椭圆状，表现了人们追求完美的心理；毛南族绣片上的蝶纹做了大胆的变形处理，以四只蝴蝶围绕成一个圆形，组合非常巧妙（图1-137）。壮族服饰上的蝶花纹表现形式多样，不同的位置和不同的服饰具有不同的造型和表现形式，如图1-138所示的是壮族背带的蝶花鸟鱼装饰图案，分别将不同的种类分置于花瓣中，构思巧妙，艺术地表达了一定的隐喻。

图1-134　南通蝶恋花蓝印花布纹样

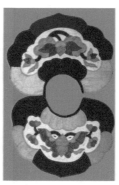

图1-135　蝶与花儿童刺绣围兜

图1-136　仫佬族蝶与花绣片

图1-137　毛南族蝶纹绣片

图1-138　壮族蝶花鸟鱼纹

壮族生育之花·壮族流传的神话米洛甲的故事详细描述了这位创世女神的诞生。在太古洪荒时期，苍茫宇宙中只有一颗旋转着的大蛋。有一天大蛋裂开三片，一片变成天，一片化为水，一片化为大地。突然，大地上长出嫩芽，旋即枝叶伸展，生蕾开花，这朵花说不清是什么颜色，也说不准有多大尺寸，花儿一开里面坐着一个女人。女人走出花心，披头散发，浑身长毛，一丝未挂。她很聪明，据说她的智慧足以做聪明人的师傅，她就是创世女神米洛甲。米洛甲管理花山，她把花送给谁，谁家就会生娃崽，因而也是生育的女神。壮族民间在求子的撒花仪式中要唱这样的歌："我是花神来撒花，哪人接得子孙旺，花朵沾身娘欢笑，明年生个胖儿郎，谁人求花求到我，保你子孙万代长……"在青年男女的婚礼上，撒花人这样唱："一撒天花花叶秀，结配良缘天长久。二撒地花花满堂，百年偕老永安康。三撒人花花结果，生男育女家兴旺……"南丹壮族女子的围裙刺绣，正是一朵艳丽的大花，当然，这花并非一般的装饰，它与创世女神米洛甲的故事相呼应，形象地表现了天地初开的壮观。绣纹底部一道草叶纹表示地，飞鸟或蝴蝶表示天，天地之间蜿蜒伸展的枝叶中，怒放着一朵娇艳无比的花朵，这花朵当然是创世的米洛甲。天地人之三界在女子围裙上完整地绣制出来，向世界永远称颂着母性的伟大。

南丹壮族女子的围裙图案赏析如下。

如图1-139所示，围裙上的绣花图案均以一朵大花为中心，周围围绕飞鸟、蝴蝶和花枝，其中花的造型丰满突出，四周的飞鸟和蝴蝶花枝讲究平衡均匀，整体构图饱满，形象生动。色彩的运用浓烈大胆，以黑色为底，图案使用纯度较高的红、黄、蓝及绿色，视觉效果强烈，这种具浓郁生活气息和民族特色的装饰手法，充分表现出壮族人民对生命的渴望和崇拜心理。

图1-139 南丹女子的围裙图案

5. 吉祥符号

许多在民间千百年流传下来的、约定俗成的特定的吉祥符号，如我们常见的万字纹和回纹，寓有"富贵不断头"之意，象征吉祥如意和生生不息。如意纹，则顾名思义为吉祥如意；盘长纹，是"八吉祥"之一，象征连绵不断；方胜纹，又称"双八宝"，寓吉祥之意，因呈连锁状，又有生命不息的涵义。这类纹样在服饰上体现为秩序化和几何化的装饰美。

（1）云纹

我国历来喜以云为素材作装饰纹样，云纹是一种极具中华民族特色和民族气派的传统装饰纹样，它的表现形式纷繁多样，通常以涡形曲线为基本构形元素，按一定的结构模式和组合方式构成，常常被称为"祥云"。"祥"显示了一种主观意愿，如同祥和、祥瑞、吉祥等概念，有吉利、平和、理想、美好以及神圣之意。包含着人们对自然现象的观念认识和情感态度。纵观历代中国装饰图案，不难发现云纹的重要地位，无论是作为主体纹样装饰，还是作为辅助纹样装饰，也无论是单独装饰形式，还是连续装饰形式，云纹都是一个不衰的主题。

云纹图案在民族服饰上较为多见，有的云纹曲线已变化成直线再转为直角，又可称为云勾纹。如"云纹菊花壮锦"的菱形框架即由云纹组成（图1-140），中黄色的框与菱形内蓝紫色菊花纹形成鲜明对照。有的云纹是直线和曲线的结合，与主体图案遥相呼应，具有相同的艺术处理效果，如土家锦云龙纹（图1-141）。有的云纹注重平面展开的结构线处理，适合运用于大宽幅的布面上，如南通云纹蓝印花布（图1-142）就是采用典型的传统云纹来装饰布料，云纹既注重平面展开效果，也追求图案形式的空间感，力图展现舒卷流行之云象的动感效果。云朵之间以点状排列，突出了云朵造型，并生动地体现了云的轻盈、柔美和飘逸。还有的云纹是作为服饰上的点缀出现，如图1-143所示的是湖北宜昌地区民间女子围腰，围腰胸前两侧采用了卷云纹装饰，云纹用简洁、饱满的线条体现了云的流动旋转的状态，只以大小两朵连接的云头对称出现，装饰在围腰前胸处，清秀而雅致。侗族背带上也大量运用云纹，如图1-144所示的云纹造型简洁、质朴、自然，没有雕琢感，显得自由活泼。

图1-140 云纹菊花壮锦

图1-141 土家锦云龙纹

图1-142 花布上的云纹，生动地体现了云的轻盈、柔美和飘逸

图1-143 云纹围腰

图1-144 侗族云纹背带

有的云纹作为帽子上的装饰，如图1-145所示的是戴云纹帽的西族妇女，云纹细密地排列在一起，具有很强的装饰效果。有的云纹也用于装饰鞋面，如羌族的绣花鞋，羌族人称其为"云云鞋"，鞋面、鞋帮上绣着彩色卷云纹图案，不仅有实用价值，还

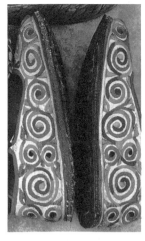

图1-145 云纹在帽子上的运用（刘天勇摄）

图1-146 羌族"云云鞋"（刘天勇摄）

有很高的艺术观赏价值。在羌族叙事长诗《羌戎大战》中有关于"云云鞋"的描述，羌族先民在历代曾遭受统治阶级的欺压，被撵到岷江边，面前无逃生之路，只有一根用竹篾扭成的溜索，很多人掉进江心，葬送了生命，于是羌族先民在苦难中幻想在鞋帮上绣上一朵朵彩云，象征着脚踏祥云、逢凶化吉、行走如飞的愿望。"云云鞋"还是羌族青年男女的定情信物，以寄托内心的爱慕深情（图1-146）。

（2）万字纹

万字即"卍"图纹。西方百科全书中称为"戈麦丁"。佛教里作为一种护符和标志，寓万德吉祥之意，在民间，万字纹应用极为广泛。民族服饰上，万字纹样有左旋和右旋两种形式（民间流传的"卍"，两种形式都通用）。服饰上的万字纹常见的有"万字锦""万字寿团""团万字""万字流水"等吉祥图纹，有吉祥如意和富贵不断的涵义。

少数民族服饰上万字纹的运用手法很多，有的是与其他图案结合起来作装饰纹。如贵州剑河地区苗族的衣袖花，就大量采用万字纹（图1-147）。万字纹样和其他纹样组合，作为一种连续的装饰纹围绕中心纹样重复出现，装饰效果极其突出。黔东南苗族中的一支将万字纹密集地装饰在衣后背处（图1-148）；还有的万字纹作为一个图案的局部装饰出现，如贵州苗族的挑花绣片（图1-149）；又如广西融水地区瑶族的挑花带（图1-150），万字纹成为树纹的一个局部，出现在显眼的位置，这种装饰手法比较独特。此外，万字纹更多独立运用，如图1-151所示的是广西瑶族裤脚挑花边饰，万字纹反复排列出现，但交替更换颜色，形成节奏感强烈的装饰效果。

图1-148 万字纹密集地装饰在衣背处

图1-150 万字纹成为树纹的一部分

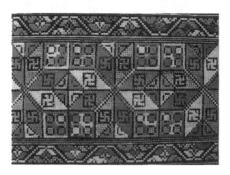

图1-149 万字纹作为图案的局部装饰

图1-151 广西瑶族裤脚挑花边饰，万字纹反复排列出现

图1-147 万字纹剑河——衣袖花图案

卍字纹在土家语中读"拿都改"，意思是万事吉祥。土家族织锦中出现大量万字纹，其中有一种纹样叫"万字流水纹"（图1-152），是由南宋时期流传的几何纹矩纹纱"工"字形斜向连续排列变化得来，在"工"字的交扣处变成了万字纹的延绵不断，在形式美感上成为特殊的装饰语言，如图1-153所示的是万字流水纹的织锦图案，颜色图案单纯，卍字隐藏在双勾的横直线中，既似抽象几何图案，又为明显的卍字牵带，设计巧妙。

云南大理白族姑娘的新娘服上往往绣有万字纹，如图1-154所示，袖口处是蓝布底的万字纹样，每一个万字笔画都延长伸出与旁边的万字纹笔画相连接，形式感极强，同时强调了富贵不断头的主题意蕴。

图1-152 万字流水纹平面

图1-153 土家锦中的万字流水纹

图1-154 白族新娘装（万字纹）

（3）如意纹

如意是我国一种传统的吉祥器物，顶端多为心形、灵芝形、云纹形，如意纹寓意"称心如意"，通常和瓶、牡丹等其他纹样一起共喻平安如意、吉庆如意和如意富贵等意。

如意纹在服饰上的运用历史悠久。清华大学美术学院（简称清华美院）图书馆藏有一清代妇女的如意坎肩实物照片，如图1-155所示，坎肩的中心部位有一大大的如意纹，纹样强烈突出。再如清代女子的云肩大多运用如意头的造型做边饰（图1-156），云肩是富贵人家女子所戴，民国时期多为新娘所用，运用如意纹做装饰讲究纹样造型与服饰造型的结合，如此装饰手法同样运用在儿童的围嘴上，如图1-157-1、图1-157-2所示的是苗族儿童的围嘴，四个大如意纹相对围绕中间小如意纹，像花瓣一样分布在头部周围，更加烘托出儿童的可爱。如意纹还大量运用在衣摆处，如图1-158所示的是彝族女子传统服饰，衣角处的如意纹与花纹结合地和谐巧妙；同样居住在湘西的苗族妇女衣服上也爱用如意纹，如图1-159所示的是一件传统盛装女服，衣角和衣摆处运用了如意纹作为边饰，显得富贵大气。有的除了装饰在衣角或衣摆处，还运用在衣襟处，无不体现出人们追求如意节庆的心理。

图1-155　清代妇女如意坎肩（刘天勇摄于清华美院资料库）

图1-156　云肩运用如意头纹装饰

图1-157-1　如意纹儿童围嘴（刘天勇摄）

图1-157-2　民间儿童如意围嘴（刘天勇摄）

图1-158　云南彝族女服上的如意纹

图1-159　湘西苗族衣服上的如意纹

（4）回纹

回纹是被民间称为"富贵不断头"的一种纹样，它是由古代陶器和青铜器上的雷纹衍化来的。因为它是由横竖短线折绕组成的方形或圆形的回环状花纹，形如"回"字，所以称作回纹，明清以来，回纹广泛地运用到生活的各方面，如服饰织绣、地毯、木雕以及建筑装饰上，多用作边饰和底纹，由于这种纹样整齐划一而且绵延丰富，人们便赋予它诸事深远、绵长的意义。

如图1-160所示的是湖南民间蓝印花布，底纹是细圆点组成的万字流水纹，浮纹是线条与小斑点刻花的金鱼，花布的边缘装饰纹样就是绵延的回纹，画面构成里外呼应，相映成趣，都为了一个吉祥如意、生生不息的主题。哈尼族喜欢随身背一个纹饰丰富的挎包，挎包采用挑花技法绣满回纹等纹样（图1-161），姑娘的衣服背面回纹装饰也十分丰富，不仅排列组合有变化，还运用了多种色彩变换，增添了审美趣味。苗族服饰上也多运用回纹装饰，如图1-162所示，回纹是用锡绣的工艺技法绣制在布面上的，每个单元回纹紧密有序地排列在一起，装饰性很强，显得古朴素雅。

图1-160　回纹与万字纹的结合，反映了吉祥如意、生生不息的主题　　图1-161　哈尼族挑花挎包上的回纹装饰　　图1-162　苗族服装上的锡绣回纹

（5）盘长纹

盘长纹是佛家八宝之一，有回环贯彻、一切通明之意，盘长纹样无头无尾、象征连绵不断。人们用它来表达诸事深远、世代绵长、长寿永康等生活理想。

如图1-163所示的是一件云南彝族女服，盘长纹大量装饰于衣襟、肩、袖身等处，色彩交替变化，相互衬托，使之统一又富有变化。又如图1-164所示的是彝族新娘盛装服饰，盘长纹与其他纹样装饰在袖身、裤腿等处，色彩丰富绚丽，注重节奏感的表现，具有极强的装饰性。将盘长纹大面积地运用在服饰上的有广西白裤瑶族人（图1-165），他们的衣背上有四块方形的绣纹，边缘处装饰满盘长纹，细密精致，独具匠心。

图1-163 云南彝族女服上的盘长纹饰

图1-164 彝族新娘盛装服饰上的盘长纹

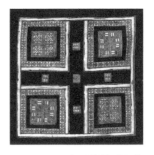

图1-165 广西白裤瑶衣背上的盘长纹安排细密

以上对各类图形的分析仅仅是民族服饰中诸多图形的极少部分，但从文化内涵和艺术审美及艺术设计的角度都做了一定的诠释，意在帮助广大读者学习民族服饰的审美，以及在设计中进行民族元素的提炼打下较好的基础。

三、女性的天空——民族服饰工艺技法篇

在对民族服饰款式造型和图案纹样进行研究的同时，我们会发现，服饰会由于制作技艺和材料的选择不同，给人的感受很不一样。人们通常不满足于织一块布，而是考虑由某种技术可以达到怎样的视觉效果和美感。最显著的就要数周代在冕服上绘、绣的"十二章"图案了，如图1-166所示。服饰艺术与其他艺术形态不同的是，民族服饰的材质和技术性很强，材质性和工艺性是构成服饰风格的重要因素，因此，学习和了解民族服饰的工艺技法，也是进行民族风格服装设计的重要方式。

自古以来，中华民族就是一个以农为本的民族，几千年的农耕生活方式形成了男耕女织的文化传统，手巧是中国女性完美的一个重要标准，关系到未婚姑娘的婚姻与前途。所以，在许多民族中，女子自小就学习服饰的各项工艺技法，人们把纺织技艺的高低好坏当作评价一个女性能力、美德的标准，有些民间传说、故事和歌谣中有大量内容是将纺织技艺等同女性美德进行歌颂的。彝族民间有"不长树的山不算山，不会绣花的女子不算彝家女"之说。云南文山一带《踩

图1-166 周代冕服"十二章"图案

山调》中一段男子唱词正好代表了苗族社会对纺织工艺女性化的肯定。歌^❶中唱道：

说到纺麻和织布，我就只会干瞪眼。拿起镰刀进麻塘，割下麻来不会拴。晒出麻来不会剥，不知是坐还是站。剥下麻皮不会绩，急得浑身冒冷汗。坐上纺车学纺麻，手脚不听心使唤。麻线还未绕三转，东拉西扯乱一团。织机摆在堂屋前，踏上几脚不会转。黄蜡化在蜡锅里，心中没有好图案。拿起蜡笔点花裙，花里胡哨真难看。蓝靛泡在染缸里，拿起布来不会染。别家织机响当当，个个都穿新衣裳。我无伴侣来纺布，芭蕉叶子披一张。

"印染""刺绣""编织"等每一项传统而古老的工艺长期在老百姓的生活中占据着重要的地位，在我们今天来看，"印染""刺绣""编织"等工艺形式其实很简单，不需要什么大型设备，但其中却包含着丰富的生产经验与女性的智慧，可以说，在民族服饰工艺中所积累的技艺、经验、审美形式乃至特定的文化内涵，在整个中华民族的传统中具有独特的地位。因此，民族服饰表现出的是实实在在的女性文化和女性艺术，在这片女性的天空之下，服饰工艺文化散发出生生不息的魅力（图1-167）。

民族服饰工艺在几千年的发展历程中，由于地域、物产等自然条件的不同，人们利用和加工的手段也不同，形成了丰富多样的艺术风格，同时也随着丰富多样的品种和技法而显示出不同的特点，都有各自其独特的表现方式。

1. 瑰丽多彩的刺绣

纵观我国各民族服饰，刺绣是服装上主要的装饰手法，在中国有着悠久的历史，又名"针绣""扎花"，俗称"绣花"。因多为女子所作，故又名

图1-167　湖南凤凰苗族女子刺绣场景（刘天勇摄）

❶ 古文凤. 民族文化的织手. 昆明：云南教育出版社，1995.

"女红"。刺绣是用彩色丝、绒、棉线，在绸、缎、布帛等物质材料上借助针的运行穿刺，从而构成花纹、图像或文字的一种工艺（图1-168）。

图1-168　刺绣所需的线材工具

我国的刺绣艺术源远流长，早在殷商时代，就常以"锦""绣"并称。从春秋战国到秦汉时期，刺绣工艺已经发展得十分成熟。在目前出土的文物中，战国至秦汉时期的刺绣实物相当丰富。长沙马王堆一号汉墓出土的丝织刺绣品种有"信期纹""长寿纹"等（图1-169、图1-170）。刺绣针法主要是锁绣，针法细腻流畅，艺术价值很高。唐朝时期刺绣更为丰富，针法多变，色彩华美。正如白居易《秦中吟》所云："红楼富家女，金镂刺罗襦。"宋代刺绣发展更盛，连寺院尼姑也绣制服饰出售，还出现了用刺绣模仿名家书画的做法，摆脱了使用功能，发展成为纯欣赏性的艺术品。刺绣到清代发展到鼎盛时期，品种繁多，针法丰富，分布广泛，刺绣技艺亦更臻完美。由于风格各异和刺绣产地的不同，形成了"四大名绣"（苏绣、湘绣、粤绣、蜀绣）而驰名中外。

图1-169　长沙马王堆一号汉墓出土的"信期纹"绣片

图1-170　长沙马王堆一号汉墓出土的"长寿纹"绣片

同时，刺绣艺术在少数民族服饰中的应用也十分广泛，头巾、衣领、衣襟、袖口、袖腰、衣肩、衣背、衣摆、腰带、围腰、裙子、绑腿、鞋子、围兜、背儿带、枕顶等都离不开刺绣的装饰（图1-171）。许多少数民族女子花费多年时间一针一线地刺绣，只为了制作出一套精美的盛装服饰作为嫁衣。其中苗族服饰大多有着斑斓厚重的刺绣，图案之密集丰富，工艺手法之精湛，视觉冲击力之强，比其他民族过之而无不及（图1-172）。苗族刺绣针法细腻精致，是我国保留传统针法最全面的绣品，并善于创造新针法，如绉绣、辫绣、堆花、锡绣等，还有我国最古老的针法锁绣，在苗族刺绣中得到了很好的运用和发展（图1-173-1、图1-173-2）。瑶族服饰刺绣也十分丰富，《后汉书》中有瑶族先民"好五色衣"的记载，以后的一些史籍中也记载有瑶民"椎发跣足，衣斑斓布"的习俗。瑶族刺绣针法绣法灵活多变，或粗细相间，或虚实结合，色彩明快。侗族刺绣要求最高的是背儿带，绣艺一般的女子是不敢绣背儿带的，一定要等到绣艺高超时才能绣它。侗族的刺绣背儿带（图1-174），图案结构紧密，常在黑底布面上绣出五彩花纹，显得绚丽夺目，光彩照人。彝族的刺绣图案独特，色彩强烈，有着独特的象征意义。白族刺绣工艺精细，色彩鲜艳，运用诸多丰富的纹样和内容来表达该民族的传统信仰。其他如羌、土家、景颇、壮、蒙古、藏、傣、维吾尔等民族也都有自己特色的民族刺绣。各民族刺绣绣法自成体系，绣品风格各具特色，并大量运用于服饰和家居用品中，代代相传。

图1-171　贵州苗族盛装服饰（刘天勇摄）

图1-172　贵州黄平苗族刺绣衣背（刘天勇摄）

图1-173-1　贵州定东上衣背部

图1-173-2　运用了多种针法的苗族女上衣局部

图1-174　侗族刺绣背儿带

刺绣的工艺主要在针法与相应的配线色上。针法就是指绣线按一定规律运针的方法，反映在绣品上就是绣纹组织结构以及纹样附着于面料的各种手段。从古至今刺绣针法极为丰富，以下介绍一些传统而又有民族特色的针法及其艺术风格。

（1）平绣

在所有刺绣针法中，平绣是分布最广、使用范围最大的针法，也是各种绣法的基础。常用于小块面的刺绣。平绣的特点是单针单线，针脚排列均匀，丝路平整。

平绣针法有两种：一种是从纹样边缘的两侧来回运针作绣，要求线纹排列整齐，边缘光洁圆顺；另一种先以长针疏缝垫底再用短针脚来回于边缘两侧运针，绣出的纹样微微凸起、平整光洁（图1-175-1、图1-175-2）。我国四大名绣都擅长利用平绣的针法来表现各种事物，显得细腻而又真实。

图1-175-1　胶东刺绣枕顶　　　　　　　图1-175-2　平绣针法细腻真实

少数民族的服饰上也大量采用平绣，其中贵州台江县施洞地区的苗族平绣最负盛名，平绣多用作该地苗族女子盛装服饰的衣袖花、领花、肩花、围腰等。若与四大名绣的平绣比较，施洞苗绣的最大特点是以剪纸作底样，因而绣出的纹样有一定的厚度，呈现微微的浮雕状（图1-176）。施洞地区平绣技法还十分丰富，平绣中的破线绣是施洞的一大特色。就是将一根丝线破成多根丝线刺绣（图1-177）。如图1-178所示的是施洞老屯乡苗族女子服饰，图中妇女的衣袖花和肩花处均为平绣技法，这种平绣手法更加平整光滑，以手触之，细腻圆滑。平绣的边缘以锁绣针法盖住针脚，使刺绣纹样更加耐磨，又增加了图案的层次感。此外，侗族、壮族、白族的平绣技法也非常精彩（图1-179-1、图1-179-2）。

图1-176 去平绣纹样有一定的厚度，呈现微微的浮雕状（鲁汉摄）

图1-177 施洞破线绣（刘天勇摄）

图1-179-1 贵州施洞地区苗族衣袖平绣（局部）（刘天勇摄）

图1-178 少妇衣袖上的刺绣是平整光滑的平绣（刘天勇摄）

图1-179-2 平针绣背带图案（刘天勇摄）

（2）锁绣

民间又叫"链环针""辫子股绣""扣花""拉花"等。这是古代最早采用的针法之一。起自商代，直至汉代，刺绣均沿用此法。陕西宝鸡茹家庄西周墓出土的刺绣印痕即是辫子股绣；湖北马山一号楚墓的大批绣品绝大多数是辫子股绣。可以说，在汉代以前，辫子股绣占据着中国刺绣的主导地位。这种针法易于表现流畅圆润的线条，密集排列又可组成具有肌理效应的体面。而且简便易学，至今仍为民间刺绣的常用针法。锁绣的特点是曲展自如，流畅圆润，用来表现线条或图案形象的轮廓，可以形成严整清晰的边线。在表现块面纹样时，则须讲究排列，使线条排列与纹样形状相吻合。锁绣的针迹呈链状结构，与平绣相比具有较强的消光性，反光弱。更显色彩厚重，不浮艳。锁绣的和色不如平绣那样柔顺，但运用得当仍能形成色彩的深浅变化（图1-180）。

图1-180　锁绣的针迹呈链状结构

锁绣的基本绣法有"双针法"和"单针法"两种。双针法的做法是：在刺绣时双针双线同运，所用绣线一粗一细，粗线作扣，细线穿扣扎紧，反复运针，形成图案。单针法则只以一针一线运作，每插入一针作一个扣，针从扣中插入，形成一环紧扣一环的纹路。有的书中将双针法称为闭口锁式，单针法称为开口锁式。双针法形成的锁绣纹路与单针法相比更加牢固地贴于绣地。

锁绣针法在民间刺绣中保持地最为完好。贵州黄平重安江一带僮家人爱用锁绣针法装饰衣服上的图案。如图1-181所示的主体纹样为四边几何形，以四瓣花为几何中心，周围还满绣有线性抽象纹样，共同组成一个基本单元，并向周围延伸形成有规律的四方连续图案，展现出丰满而密实的构图。其中纹样采用的是锁绣针法，锁绣的线迹与线迹之间的空隙用平绣完成，使得整个图案丰富严谨。台江施洞一带苗族服饰上的龙纹刺绣也常用锁绣方法完成，如图1-182所示，图中为苗族崇拜的龙为主体纹样，龙纹呈流线形，龙的造型夸张可爱，采用锁绣反复刺绣而成。龙的鳞甲用多种色彩组合，蜿蜒蜷曲的身体沿边用锡绣手法制作，使得龙纹形象更加突出。整个图纹清晰牢固，古朴典雅，形成具有特色的纹饰风格。四川茂县羌族妇女也喜欢用锁绣装饰围裙，如图1-183所示，围裙角花部分的宽沿边是用锁绣的技法绣成的大朵花，简洁大方，色彩明快。锁绣在侗族刺绣中也特别突出，并发展成锁绣的月亮花、太阳纹、榕树花、蜘蛛纹的各种锁绣针法。如图1-184所示，太阳纹以双针法锁绣成轮廓，再以长短针与单

图1-181 衣服上的图案用锁绣完成

图1-182 锁绣龙纹图案（局部）（刘天勇摄）

图1-183 白色大朵花部分为锁绣（刘天勇摄）

图1-184 侗族双针法锁绣纹（局部）

针法锁绣结合绣出轮廓中的空间纹样。层层围绕太阳纹的大榕树纹也是采用此种针法，对角的四根粗壮的树干以双针法锁绣，枝叶单针法锁绣完成，显得图案古拙粗犷，更具有神秘的色彩。

（3）打籽绣

这也是古老的刺绣基本针法之一。打籽绣俗称"结子绣""环籽绣"。日本人称之为"相良绣"，中国民间则叫做"打疙瘩"。打籽绣采用绒线缠针绕圈形成颗粒状的方法，绣一针成一籽，故名打籽绣。绣纹具有粗犷、浑厚的效果，装饰性很强，是锁绣的发展。最早见于战国，汉以后较为普遍，山东临淄战国墓中出土的丝织履上曾发现装饰性的打籽绣，蒙古国诺因乌拉东汉墓出土的绣件中也见打籽针法。针法简练、厚重，绣纹兀立，光彩耀眼，坚实耐用。绣线粗细变换，以控制结子大小。打籽一般是由外向内沿边进行。籽与籽的排列均匀，大小整齐（图1-185）。打籽绣多用于表现花蕊、眼睛等点状纹样。

通常打籽绣有三种运针方法：①先在绣面上挽扣，落针压住环套绣线，形成环状的小粒子；②先将绣线在绣针上绕三圈，再用如图1-186所示方法落针，从反面抽针拉紧，使绣面形成立体状的颗粒；③用双线先按图示进针和出针，双线在针尖左右各轮流绕二至三针，再将针抽出，并按原针孔戳向反面抽紧即成。

如图1-187所示的是四川凉山彝族打籽绣图案，以花和小鸟纹样为主，纹样的边缘属钉线绣，花枝采用辫绣工艺，纹样的填色均用打籽绣完成，显得构图饱满、古朴厚重。

图1-185　贵州凯里苗族衣袖上的打籽绣

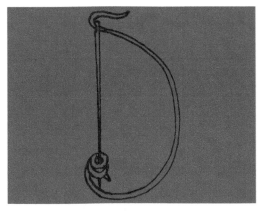

图1-186　打籽绣（针法）

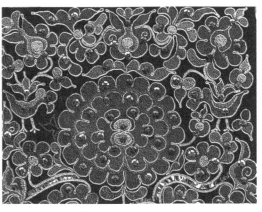

图1-187　彝族打籽绣图案

（4）补绣

又称"贴布绣""贴花绣""补花绣""贴绫绣"。补绣是一种古老的针法，补绣纹样外形简洁，装饰性强。历史上最早见的补绣是马王堆一号汉墓贴羽毛锦绣。江苏金坛南宋墓出土补绣裙裤，是在花缎面料上贴花后再用其他针法勾边绣纹。清代，江苏苏州与北京的补绣最为著名，多用于服饰和佩饰。

补绣的做法是先用素白薄绢、绫、棉布、麻布等织物剪裁出纹样的部件，再按照设计图稿将各部件润染上各种颜色，然后缝缀在料上。有的还在最后沿边框做一周盘金，界定纹样轮廓。补绣工艺相对简便，省工省料，但不宜表现过细过繁的纹样。补绣的特点是块面鲜明，色泽浓艳，且具褪晕效果。在民间刺绣中补绣针法广为流传，它大多用于绣制儿童的帽子、肚兜、背带以及妇女的衣袖花、披肩等（图1-188、图1-189）。补绣在各民族中用得很多，有的细腻精致，有的对比强烈，充分体现了补绣的特点（图1-190）。

图1-188　民间补绣肚兜局部（刘天勇摄）

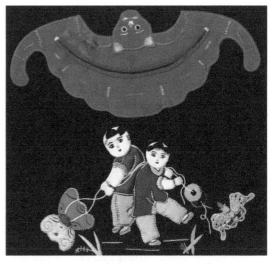

图1-189　补绣工艺制作的小孩围嘴（刘天勇摄）　　　图1-190　细腻精致的补绣工艺（鲁汉摄）

（5）钉线绣

把绣线钉固在地料上构成纹样，叫钉线绣，被钉住的线比较粗，叫"综线"；固定用线比较细，叫"钉线"。先用综线铺排出纹样，然后用钉线把综线固定。这是唐宋时期即已流行的刺绣针法之一。综线可以有很多种，如果用金、银线做综线，用短直针直接钉固，称作"钉金"或"平金"。如用金银线预先盘制成花纹，再以短直线直接钉固，就称作"盘金""盘金银"。还有其他材质，如棉线、丝线、马尾、羽毛线等都可以做综线。钉固的方法也有很多变化，最常见的是单线缠绕钉固，也可以在钉固的两针之间套一针，如同缝纫中的"锁扣眼"一样。这样就在综线的旁边增加了一道细线，增强了条纹的视觉强度。综线与钉线的颜色配合也可以出现变化，或对比强烈，或同色相依，或近色并置，均无不可，形成丰富的色彩变化。钉线绣除圈画纹样轮廓之外，还可以排列铺陈尾块面纹样。

侗族刺绣中著名的马尾绣即是钉线绣的一种，是很有特色的绣品。如图1-191所示，侗族人将这样的工艺运用在姑娘们喜爱的挎包上，挎包的图案全采用钉线绣法，风格厚重，颇有分量感。又如图1-192所示的是贵州宰岑地区侗族围裙图案，主花是用马尾为芯，外缠白线后再钉在纹样外轮廓，金线则钉于云纹补花的轮廓上，在蓝色缎面衬托下极为响亮。

图1-191　钉线绣侗族挎包（刘天勇摄）

图1-192　钉线绣侗族围裙（刘天勇摄）

（6）辫绣

这是苗族常用的针法之一。先用六至九根丝线分三股编成辫状扁平丝带，然后将其依纹样轮廓弯曲，钉缝固定于底布上。辫绣的绣迹走向明显，不打皱褶，因此如行云流水般，有浅浮雕感。如图1-193所示的是苗族衣服上的辫绣龙纹图案，纹样走向清晰而缜

图1-193 苗族龙纹辫绣图案（贵州凯里 刘天勇摄）

密，由于工艺的独特性，整体图案结构严谨，风格古朴，形式感也非常统一，达到极好的装饰效果。

（7）皱绣

按辫绣方法先用八根或十二根丝线手工编织成宽约两毫米的辫带，然后依纹样皱缩弯曲，由外向内盘出图案，边盘边用同色丝线将辫带钉缝固定于地布上，每钉一针都须折叠一下辫带。用此法刺绣花瓣和叶片，立体感很强，形成粗犷、朴实而又厚重的肌理效果，既经久耐用，又有一种特殊的质地美，是西南少数民族常用针法之一，如侗族、苗族盛行这种绣法。如图1-194所示的是侗族衣襟绣花图案，采用皱绣和钉线绣等其他几种方法完成，黄色、浅绿色并呈弯曲状的部分属于皱绣，此纹样突出于布面之上，将花纹图案表现得更加丰富有趣，紧密的线条和凹凸的肌理形成了皱绣厚重古朴的风格。苗族的皱绣相比侗族皱绣视觉效果更加强烈，如图1-195所示的是苗族女子衣袖上的图案，整个图案全采用皱绣工艺，肌理感非常强烈，具有突出的浮雕效果。

图1-194 黄色、淡绿色并呈弯曲状的部分属于皱绣（刘天勇摄）

图1-195 苗族皱绣衣绣花

（8）连物绣

连物绣非常丰富多彩，是用绣线穿连金、银、铝、锡、铜、珠、木、贝、羽、云母片等实物进行刺绣的方法。这种方法的刺绣丰富了绣品质感的变化，增强了色彩对比，有着别具一格的视觉效果。连物绣一般有两种绣法，一种是按照纹样装饰的需要，一边绣一边直接穿连实物固定，从头至尾仅用一根针线操作。珠片绣即属此绣法，起针后，针线从亮片正中小孔穿过，从边缘上方落针，针尖斜向回针挑起，使两片略有相叠地排列成行。一般采用后片压住前片的方法，将线脚掩盖在亮片下。另一种连物绣需同时用两根针线，一根绣线穿连实物，另一根绣线以钉线绣针法固定连物绣线。

我国有许多民族采用连物绣来装饰衣服，大多是就地取材，美化自身，同时也是民族心理因素的需要，如图腾崇拜、显示富贵、驱凶辟邪等影响。如图1-196所示的是云南哈尼族妇女服饰的装饰细节图，可以清晰地看出银泡和银片是绣饰在黑色上衣上的装饰，银泡连接紧密，穿连在一起，银片上刻有精细的花纹，增强了服装的装饰效果。傈僳族妇女喜欢穿以海贝装饰的围裙，如图1-197所示的是云南傈僳族妇女围裙腰部细节，图案的材料是大小均匀的海贝，按照一定规律缝制在布底上，形成形式感很强的装饰效果。云南白族背儿带也采用连物绣工艺（图1-198），背儿带下方有一块方形的五彩布拼结合嵌钉铝泡的装饰，每一个铝泡仿佛是一个花心，起到点缀和强调的作用。此外，苗族妇女的锡绣也很有特色，如图1-199所示的锡绣围腰是用细小的有孔方形锡片串绣在深蓝色面料上的。银灰色的锡片在深蓝色面料的衬托下，明亮又古朴，别有一番味道。

图1-196 哈尼族妇女服饰的装饰细节

图1-197 傈僳族妇女围裙腰部细节

图1-198 白族背儿带

图1-199 苗族锡绣围腰

（9）纳绣

民间常称之为"穿纱"，又叫"戳纱绣""纳纱绣""穿花绣"。宋代已见纳纱，元明两代也都有精品，清嘉庆年间达到鼎盛。方法是以素纱罗为面料，按织物经纬纹格进行刺绣。具体地说"戳纱绣"是用垂直直针，以数格子的方式，在方格眼布底上，绣出一组组图案的方式。通常是只绣图案，而留素底。布底有纱质、棉质、麻布等，只要是方便数格子的十字纹布料都可以。绣制时，有常规，"眼数须取单数，如取双数，则不能收成正方形。每个方块至少须五眼，卍字纱九眼、八结（注：盘长）至少十一眼乘十七眼（注：11眼×17眼），方胜二十一眼。"❶戳纱绣是我国满族刺绣中的一大特色，经常用在旗袍的纹样装饰、枕顶装饰上。如图1-200所示的，是清代满族福寿三多戳纱绣，面料是素色纱罗，在织物孔眼间进行穿绣，形象生动而简练，做工精美细腻，配色优美和谐。

纳纱绣也有称为"戳纱"的，但与戳纱绣不同，戳纱绣是留底不满绣，而纳纱绣是不留纱底，绣纹饱满厚重有光泽（图1-201-1、图1-201-2）。

图1-200　清代戳纱绣福寿三多（刘天勇摄）

图1-201-1　纳纱枕顶（刘天勇摄）

图1-201-2　纳纱蝶恋花荷包（刘天勇摄）

---

❶ 粘碧华. 刺绣针法百种. 台湾：雄师美术，2003：86.

（10）挑花

民族刺绣中，挑花又叫"十字绣""架花"，是最普及的刺绣工艺。其针法主要是通过绣针将绣线挑成互相对称的斜十字形的针迹，并且由这一个个斜十字针迹整齐排列，构成花纹或图案（图1-202-1、图1-202-2）。

我国民间挑花分布面广，种类与针法各异，总的看来，可分为以下两大类。

图1-202-1　苗族挑花头巾图案

图1-202-2　十字挑花帐帘（局部）民国时期（鲁汉摄）

1）十字针法

① 直列式针法　这种针法有两种不同的挑绣方法，一种是将斜十字的对称针迹由上而下一次绣成，另一种是先由上而下绣好同一方向的一项，再从下到上绣成另一方向的一项，两项针迹列在一起，要做到长短一致，斜度正确均匀。直列式针法适宜于刺绣直项的带状图案，如民间的长巾、妇女的头帕等（图1-203）。

② 横列式针法　将直列式针法改为横列针法，一般习惯从左到右，从下到上。横列式针法适用于挑绣的横向为主的花边图案，如农家的帐檐和妇女的围裙等（图1-204）。

③ 斜列式针法　又称交叉针法，它的排列无一定限制，从上向下斜、从下向上斜，向左斜、向右斜以及留空针都可以（图1-205）。

2）单线牵花

也有称为"纤花"的。这是一种比较古老的精细挑

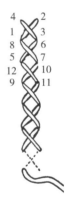

图1-203　挑花十字针法之一——直列式针法

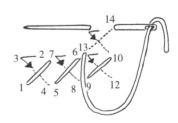

图1-204　挑花十字针法之二——横列式针法

图1-205 挑花十字针法之三——斜列式针法

绣技法，针法是依循布面一定数目（一般为三至五根）的经纬纱线，按直、横斜等向，运用单线来回穿钉。这种钉法能将预先描绘于布面上的图像轮廓完整地表现出来，同时，正反效果一致。

少数民族挑花品种丰富，形式多样，具有丰富的文化内涵和审美价值，值得认真探讨。其中贵州苗族挑花，湖南、广西的瑶族挑花，四川岷江上游的羌族挑花，贵州、湖南的侗族挑花等都是富有独特风格的艺术。

① 苗族挑花 苗族的挑花以黔中地区花溪最为突出。这里最早的花溪苗族挑花是在蜡染花纹上进行挑花，是挑花与蜡染结合的绣品。黔中大方县和织金县至今保持了蜡染、挑花结合的服饰。花溪则发展成单纯的挑花，并形成了独特的风格（图1-206）。仔细分析，其色彩搭配、图案构成上可以看到蜡染留下的痕迹，尤其是被称为花溪挑花中的老花，有以下特点。一是花溪老花一般采用黑或深蓝底色，先用白丝线挑出图案大部分面积，这犹如蜡染成蓝底白花的效果。然后在上面用鲜艳的桃红色、大红色、中黄色等色作点缀，如图1-207所示的黑色底色，用白色为主挑绣出主要的花纹，再用玫瑰红挑出少部分花纹作点缀，增加了图案的层次感。二是用白线挑出纹样的基本骨架，使图案形成大的构成关系。如图1-208所示，先用白线在黑底上挑绣出几何形的骨架和外轮廓，大的构成关系固定下来，再在白线形成轮廓中嵌上大红、玫瑰红、中黄色彩线，又在陪衬纹样边沿用玫瑰红、中黄色、大红色挑绣出，形成一主一次两个点的四方连续

图1-206 花溪挑花

图1-207 花溪挑花中的老花

的效果，主次分明而有变化。三是饱满的构图形式与蜡染影响分不开，图案大多组成四方连续的花纹，花不到头，形成无边无际的效果。如图1-209所示，在45°的网格内填充由植物花为主组成的十字纹，精致而有序地排列，有着鲜明的节奏感。

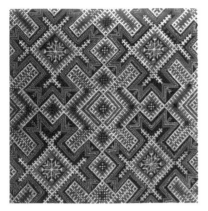 

图1-208　变化丰富的花溪挑花图案　　　　　　图1-209　构图饱满的花溪挑花

　　② 瑶族挑花　瑶族具有灿烂的民族文化，在《后汉书》中就有瑶族先民好五色衣的记载。莫瑶人的"染斑之法"，形成色彩缤纷的"斑斓布"。有"用五色绒杂绣花卉"的精湛工艺，繁多的瑶族服装款式达六七十种，其纹样多用挑花绣成，挑花在瑶族服饰中占有重要的地位。瑶族挑花可细分为两类，一类以湖南隆回县小沙江瑶族地区的挑花裙为代表，这种挑花裙上的图案通常是在黑色或蓝色底上用白线挑绣而成的，采用结构繁密的对称构图，常以"对蛇"（图1-210-1）、"双龙"（图1-210-2）、"双凤""对马""对虎""对狮""双鱼"等偶数形式出现，构图变化中求统一，动物造型形象夸张、动作凶猛，气势磅礴。具有相互"比势"的特点。不少动物采用填心花的挑花技法（图1-211），表现出花中有花的艺术效果，体现了作者的巧妙匠心和"求全"的美好愿望。另一类是以广西瑶族地区的挑花头巾、胸巾为代表，其效果与织锦接近，多由二方连续或四方连续纹样组合的各种几何块，有方形、菱形和条形多种组合，色彩古朴厚重（图1-212）。

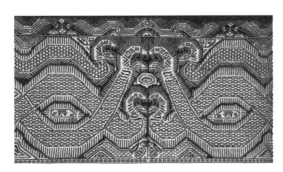 

图1-210-1　对蛇　　　　　　　　　　　　图1-210-2　瑶族挑花裙上的双龙图案

图1-211　瑶族挑花动物采用填心花的挑花技法　　　　　图1-212　广西瑶族挑花

③羌族挑花　历史悠久的羌族是我国最古老的民族，羌族的刺绣是古羌历史文化的积淀，每个纹样的组合和造型，无不蕴含了羌民族的思想观念、宗教文化与民族精神内涵。如图1-213所示的"四羊护花"的挑花图案是由四个羊头纹样组成的，又叫羊角花，是羌人崇拜羊的反映。羌是"羊""人"二字的组合，因此《说文》中称"从人从羊""西方牧羊人"。古羌人将高原草地的一种双角旋卷盘曲状的"盘羊"驯养成家畜，即今天的藏羊。羊是羌族人生活财富的重要来源，并成为精神支柱。因为羌人从成长到去世都与羊有着密切的联系，羊被神话成民族的图腾，将其符号化为民族的标志，从"四羊护花"图案中可以感受到这种深远的影响。

羌族挑花多用在女子的头帕、围腰、袖口、裤足和腰带上。其中挑花围腰最能体现羌族挑花构图的特点。如图1-214所示，图案中心采用方形图案，叫"升子印""火盆花"（羌族人每家堂屋中间都有"火塘"，一年四季都保留火种，象征烟火不断，人丁兴旺，时代延续）。围绕"火盆花"的是四个蝴蝶纹样组成的菱形，四边角用角花装饰，下沿用二方连续纹样兜切，形成了完整的布局。羌族挑花围腰基本都是这种格局的构图，构成了一幅幅精彩完美的绣品（图1-215）。

④侗族挑花　侗族女子也喜爱挑花，侗族挑花主要用于鞋垫、腰裙、背儿带，侗族的挑花注重图案整体外形的圆满，整体图案里有多种纹样，如花草、鸟蝶，鱼虫、云气、水波甚至字体，这些纹样可以共同组合在一起，运用相同的构成形式将它们统一起来，形成既丰富又和谐的图案（图1-216）。

图1-213 羌族"四羊护花"的挑花图案　　图1-214 羌族挑花围腰图案　　图1-215 羌族挑花布局完整

2. 朴素大方的印染

我国民间印染种类很多，包括蜡染、扎染、夹染、蓝印花布、彩印花布，等等，这些印染工艺技术有着悠久的历史，并且在我国传统文化中产生了深刻的影响。在中国的历史上，服饰穿着是有阶级限制的，平民百姓不可能穿着华贵的绫罗绸缎，因此成本低廉、加工方便的织物印染工艺便在民间发展起来。据考证，我国西南少数民族地区在汉代已

图1-216　侗族挑花图案

经掌握了蜡染工艺，他们利用蜂蜡和虫白蜡作防染的原料，制作出蓝底白花的布，这种布古称"阑干斑布"。如《后汉书·南蛮传》中"哀牢，有帛叠阑干细布"。随着西南各民族之间的文化技术交流的进行，印染技术逐渐流传到中原内地以至全国各地，并且还流传到亚洲各国。明清时期，我国的众多地区都发展了蓝染工艺与蓝印花布工艺，甚至成为当地的支柱产业，一直延续到近代。到清代后期，蓝印花布进而发展为彩色印花布，具有多种色彩效果。

各民族的印染不仅有着悠久的传统，而且形成了一套出色的生产工艺，这些工艺简便、精巧，可以在手工生产方式的条件下，将坯布加工成朴素大方、牢固耐用的花布，受到广大人民的喜爱，所以才能有广泛的流传和不断的发展。以下介绍三种在民族服饰上运用较多的工艺：蜡染、扎染和蓝印花布。

（1）蜡染

蜡染是我国古老的印染技艺之一，古时称"蜡缬""点蜡幔"或"蜡缬"。是一种

图1-217　四川叙永两河蜡染裙布上冰纹自然天趣

防染印花法。防染的基本原理是利用"遮盖"或"折叠"的方法，使织物不易上色，产生空白而成花纹。关于中国蜡染历史，从留存遗物和文献记载分析，最晚出现在东汉，至隋唐时，已使用较广，此后一直延续至今，尤以西南少数民族地区盛行，苗族地区至今还流传着《蜡染歌》。制作的方法，是利用黄蜡、白蜡等能起排染作用的物质，加热熔化后在织物需显示花纹的部位用蜡刀画上图案，然后把布浸入染缸染色，染好之后，将蜡煮洗干净，因涂蜡处染液难以上染，而使织物显示出白色花纹图案。这是单色的蜡染。若照此描绘并用不同的染料浸染几次，还能制作五彩的蜡染。蜡染由于在操作过程中固态的蜡往往会产生裂纹，染液顺着裂纹渗入织物纤维，形成自然的冰裂纹，这是人工难以描绘的自然龟裂痕迹，称为冰纹，图案相同而冰纹各异，自然天趣，具有其他印染方法所不能替代的肌理效果（图1-217）。

①贵州蜡染的古老工艺　蜡染工艺所需材料和工具比较简单。材料有坯布、蜂蜡（黄蜡）、白蜡、蓝靛、白芨或魔芋（上浆用）；工具有几种铜制的蜡刀、剪纸花样（定大轮廓用）、稻草或竹片（定距离用）、盛蜡铜碗、炭盆、染缸等。下面介绍几项主要用品。

坯布：干净的白色土布、白色麻布、白色绵绸、白色丝绸均可。

蜡：蜡是防染之物，民间蜡染用蜂蜡为主。蜂蜡（黄蜡）是蜜蜂工蜂腹部蜡腺分泌物，不溶于水。点蜡时，通常会掺和一定比例的白蜡（白蜡虫分泌的蜡质），掺和多少会对图案效果有不同的影响。蜂蜡黏性强，覆盖紧密，不易起裂纹，白蜡性脆易裂，若有意追求大面积冰裂纹，可增加白蜡的比例。

蜡刀：通常为铜制，是以两片薄铜合成斧形，刀宽1厘米左右，中间稍空，上接8厘米左右长的小木棍作柄，沾蜡后，蜡蓄于两薄铜片之间，借铜导热的优良性能保持蜡液的适当温度，蜡太热，画纹样时容易渗透浸开。

蓝靛：是民间天然染料之一，以蓝草叶发酵而成。蓝草也称蓼草、蓼蓝。《本草纲目》上记载："靛叶沉在下也，亦作淀，欲作靛，南人掘地作坑，以蓝浸泡，入石灰搅拌，澄去水，灰入靛，用染青碧。"

蜡染在我国流行两千余年，有不少古籍记载其工艺流程。如《贵州通志》中有"用蜡绘花於布而染之，既去蜡，则花纹如绘。"这短短文字叙述了蜡染的三个要点，即点蜡、染色、去蜡。在民间，蜡染工艺流程为：坏布洗练上浆→安排底样→点蜡→浸染→脱蜡。

坏布洗练上浆：坏布洗练好坏直接影响蜡染效果，因此少数民族制作蜡染布时很看重这一环节，要将蜡染坏布反复浸泡、捶打、清洗、日晒。有的还用草木灰浸泡或水煮，以去掉棉纤维中的杂质和棉布的浆料。再用白芨或魔芋煮成糨糊状，上浆于布的背面。不上浆的布，可用蜡固定在木板上。

安排底样：民间绘蜡均不画草稿，胸中自有腹稿，仅以稻草、竹片比划位置，用指甲在布上画出大致范围，也可先将一些固定的传统纹样剪成剪纸作为参照。

点蜡：这是蜡染的重要环节。要想花纹清晰，点蜡要浸透坏布，使之进入纤维里。能否浸透关键在于蜡液温度的掌握，温度过高，蜡液四处渗开而影响纹样的效果；温度过低，蜡液浮在坏布面上会很快凝结，染液易渗入纤维而不能起防染作用。点蜡的速度也很重要，虽然用铜片做成的蜡刀能较好地保持蜡液的温度，但也很难掌握，使用时若不能"胸有成竹"，稍有犹豫、停顿，会让蜡液流成一大点。因此点化线条要流畅，才能均匀。

浸染：先将绘制好的布料用温水浸泡，待水滴干后缓缓放入染缸，轻轻翻动，染20～30分钟，将布料捞出，在空气中氧化，再放入缸中染色。如此反复三次，便用清水清洗，晾干后继续染色，侵染一次得浅色，侵染多次得深色。为了达到颜色很深，可以浸染多达十次以上。在同一图案中欲得深浅两色，可在浅蓝色染成后，晾干，在须保留浅蓝色部位再用蜡绘制，这叫"封蜡"，再入染缸染色至深蓝，即得深浅两种蓝色。若染其他色，则在染蓝色前，用彩色染料涂在需要的部位，并用蜡封住彩色部分，再染靛蓝。亦可染成靛蓝去蜡后再上彩色。染红色用茜草、紫草、凤仙花、杨梅汁等，染黄色用栀子、白蜡皮树叶、饭黄花等。

脱蜡：先用清水洗去浮色，然后用沸水煮去蜡质（脱下的蜡可回收，称为老蜡），漂洗后，就显出了蓝白分明的美丽花纹。

② 蜡染民族服饰赏析　贵州的僙家姑娘从七八岁起就开始跟着母亲学习蜡染手艺，僙家是一个没有本民族语言的待识别的民族，他们的历史，除了在古歌中流传外，大多数都用点蜡和刺绣在自己的服饰上，传统上她们最爱的图案是太阳、龙凤和僙家日常生活习俗，如芦笙歌舞、对歌、迎亲、祭祖鼓等场面，美丽的蜡染服饰既显示出姑娘的高超手艺，又把本民族的历史自然而然地记录下来，并传承下去，如同一部无字的史书

（图1-218）。僳家女子不管年幼还是年老的，头上都戴一种蜡染头帕（图1-219），以及蜡染围腰（图1-220），这些蜡染的花样各异，但有一种图案是一致的，就是周边那道蜡染螺丝纹，关于这一道道螺丝纹样，当地人说是为了纪念传说中的一位勤劳善良的田螺姑娘。螺丝纹样细腻饱满，在服饰的表现上是以单个或方向相反的两个为一组重复出现，形成节奏感很强的连续纹样。

图1-218　僳家族蜡染衣（贵州重安　刘天勇摄）

图1-219　蜡染头饰（刘天勇摄）

图1-220　蜡染围腰（刘天勇摄）

　　苗族女子的衣裙上大量采用蜡染图案装饰（图1-221），形成丰富多彩的样式。其蜡染纹样可分为两种类型，一种结构严谨，形成规则变化的菱形或方形骨架结构（图1-222-1），另一种纹样为窝妥纹样的各种组合，这种窝妥纹样古朴，在服饰上构图丰满，具有朴实、奔放的风格（图1-222-2）。如贵州三都地区"白领苗"的蜡染服饰，女子的衣领和衣袖上有一圈圈"窝妥"（当地苗语，意为螺旋状图案），衣领上盘肩是八个涡形，袖臂上是四个涡形（图1-223-1、图1-223-2），其纹样的含义，一说是苗族崇尚牛，并作为图腾崇拜的对象，便将牛头上的漩涡纹蜡绘在衣服上，一代代沿袭下来，保持至今；另一说是这种纹样是一种植物的形状，传说这种植物叫"郎鸡草"，治好了一个聪明能干的姑娘的病，姑娘将其作为衣服上的图案装饰，以示纪念。另一种构图活泼、流畅，不太讲究严格的对称。图案多为鸟、鱼、花草等具象纹样，千姿百态，造型生动，而且常出现变形夸张的鸟鱼合体纹样。

图1-221　苗家姑娘的蜡染裙（刘天勇摄）

图1-222-1　贵州筠连蜡染图案

图1-222-2　蜡染衣袖花

图1-223-1　三都白领苗蜡染衣，衣领和衣袖上有一圈圈"窝妥"

图1-223-2　衣袖涡纹图案

（2）扎染

扎染在我国古代称之为"绞缬""扎缬"，也就是打绞成结而染，它也属于物理防染工艺，但防染的媒体则是用细绳在坯布上扎出一个个细小的结，由于捆扎处被扎紧了，染液进不去，染毕再解去细绳后就留下了一圈圈或一道道美丽的花纹（图1-224-1～图1-224-3）。目前已发现的早期绞缬如图1-225所示，敦煌佛爷庙湾墓与西凉庚子六年（公元405年）朱书陶罐一起出土的蓝色绞缬残片，是借助农作物扎染的几何形花纹，质朴自然，与豪华的锦绣大异其趣，适应了当时返璞归真的社会思潮，一跃而成为名贵的服饰材料。后来我国唐代时期出现一种把织物折成连皱，用针线钉牢染色的方法，染出大多是斑点组成的网络纹。例如图1-226所示的是吐鲁番阿斯塔那唐代永淳二年（公元683年）墓出土的绞缬菱花纹绢，出土时缝缀的线还没有拆去，可以看出当时扎染的方法。唐朝诗人李贺诗有"龟甲屏风醉眼缬"，即形容这种纹样晕色斑驳，使人眼花缭乱。

图1-224-1　民间扎染花布（刘天勇摄）

图1-224-2　冰花纹扎染花布

图1-224-3　扎染花布

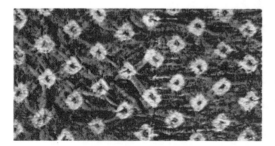

图1-225　西凉绞缬绢

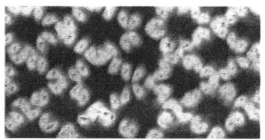

图1-226　唐代菱花纹绞缬绢

扎染的原理很简单，但要染出好的效果，经验和技巧很重要。有必要一提的是扎染的方法，扎染的方法千变万化，不同的方法会产生不同的效果，一般来说，扎法可以分为两大类。

一是针扎，即在白布上用针引线扎成拟留的花纹，放入染缸浸染，待干，将线拆去，紧扎的地方不上色，呈现出白色花纹。这种方法能扎比较细腻的图案。针扎还包括扎花和扎线两项工艺，扎花有十余种，其扎法也各有讲究。扎线也有绞扎和包扎等不同方法。绞扎因布的折法和针的绞法不同，能产生线的粗、细、强、弱效果。包扎则在布中央夹一根稻草，入染后能产生灰线条效果。另一种是捆扎，将白布有规则或任意折叠，然后用麻线捆扎，入染后晾干拆线，由于扎有松紧，上色便有深浅，呈现出多变化的冰纹，这种方法适合扎成段的布料（图1-227）。

扎染花布经常用作妇女、小孩衣料和包袱，也用作头巾、手帕、肚兜以及被面、门帘，等等。

① 民间扎染的制作工艺　扎染工艺所需材料和工具很简单，有坯布、针、线、染料、夹板（捆扎防染用）、染缸（染锅）等。下面介绍几项主要用品。

坯布：是准备在上面扎结的面料，一般以选择纯棉布为好，丝绸、麻布、人造棉也可。注意面料的厚薄对纹样是有影响的，如图案细腻要选择薄的面料，图案粗犷则选择厚的面料。

针：稍长而细的棉线针。若面料细而薄，用细小的针；面料粗而厚（麻绒类），则用粗长的针。

线：结实、牢固、光滑的线为好。其线的粗细根据扎的花型和面料决定，花型大而面料厚者用粗线，花型小面料薄者用细线。一般用白色线，有全棉线、细蜡线、锦纶线等。采用丙纶裂膜线做捆扎线不好，这种线粗细不同，用于捆扎防染不同部位，此线染色时不易上色，染后又便于拆线。

染料：民间通常用天然蓝草制作成为靛蓝染料（图1-228）。我国云南大理白族自治州至今还用传统的方法制作，将蓝草在大木桶中浸泡一周至半月（气温高泡一周左右，气温低泡半月），

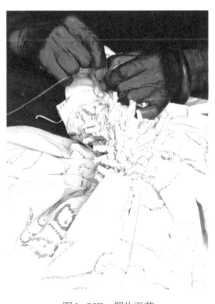

图1-227　捆扎工艺

图1-228 天然靛蓝植物（刘天勇摄）

泡出颜色后，捞出茎、叶，再加入石灰，分离出水，沉淀出靛蓝染料。现在市面上有许多现成的化工染料，更加方便配置染液。

夹板：二至四条大小、宽窄、厚薄相同的长条形木板（三角形也可），现在大多用不锈钢或工艺塑料夹板代替。

在民间，扎染工艺流程为：上花型→扎缝→清水浸泡→准备染液→染色→脱水氧化→漂洗阴干→拆线熨烫。

上花型：将退浆的坯布平整后，再用铅笔在布料上画出图案。扎染图案不太复杂，看起来复杂的图案实际分解成了几个基本图形，纹样重叠少，比较注意平面构成效果。注重发挥扎染在缝扎和染色中所产生的色晕变化，它可使简单的纹样产生丰富的效果。

扎缝：扎染花形的形成，具体地说是靠扎、缝、结、夹、缀固定面料并形成皱褶后相互覆盖，染色时产生防染作用出现花纹。由于扎缝的宽窄、松紧不同，皱痕、折叠的变化，加之染色过程中染液渗透、浸润的时间长短不同，最后产生花形具有深浅各异、变化万千的效果，因此扎缝工艺在扎染制作中是重要的一环。

清水浸泡：扎缝好的织物在染色之前浸泡半小时。这一步很关键，因为清水先入扎缝区可产生内应力，阻止染液的渗透，这样防染效果更好。

准备染液：传统的天然靛蓝染料不溶于水，必须利用还原剂的作用，使它溶解在碱性的水里，成为隐色体，才能被纤维吸收，当染液变成黄色或绿色的液体时，染液就算准备好了。如果用化工染料配置染液，就按织物重量的1%~4%，用清水将染料调散，加热溶解，浴比为1：50。

染色：染色是扎染制作的重要工艺过程。传统靛蓝染液出现绿色是最佳染色时机，将扎染织物放入染液，并用染棍来回轻轻翻动被染物，使之均匀地与染液接触。如果用化工染液，必须在来回翻动织物的同时加热，15分钟过后加入食盐10%左右。维持温度80~90℃继续染色15分钟，再加入10%的食盐（图1-229）。

图1-229 将白布浸于缸中入染

脱水氧化：染色后取出扎染织物，放入甩干机脱水，用传统靛蓝染料染色的织物须悬挂在通风处，让它在空气中氧化才能显色。

漂洗阴干：用配有少量醋酸液刷洗传统靛蓝染色染织物。化工染料染色织物直接用清水冲洗即可。最后将扎染织物放在通风处阴干，不直接晒太阳。

拆线熨烫：以上工序完成后拆去线结，将面料上的皱纹熨烫平整，美丽的花纹就显现出来了。

② 白族扎染赏析　位于苍山，洱海之间的大理白族长期传承着扎染艺术，在大理的街道店铺、旅社、摊棚、酒家以至居家住宅院内，随处可见它的踪迹，人们用扎染布料做上衣、裤子、马甲、凉帽、手绢、头巾、围腰、手袋、挂包、背包，等等，大理女子包头巾也是扎染，腰上的三层腰带，除两条绣花外，必须有一条扎染"娥娥花"。在大理，扎染不仅意味着一种传统，也意味着一种时尚。大理扎染代表了我国现在的扎染艺术和技术水平，在国内外有着深远的影响。传统扎染主要分布在大理的周城、喜州、巍山等地，其中周城是远近闻名的民族扎染之乡。扎染在周城是一种独特的染制工艺，民间素有"疙瘩染"之称。

白族的扎染制品种类繁多，除用做服装还广泛运用在生活家居方面，如有面料、床单、桌布、枕巾、门帘、窗帘、座垫，等等（图1-230、图1-231），扎染的花纹图案也不断推陈出新，十分丰富，几乎每一件扎染品就是一幅生动画。周城的扎染比其他地方的扎染色彩更丰富，图案也更多样，一般大理白族的扎染图案多以圆点、不规则图案以及其他简单的几何图形组成，而周城的扎染图案则取材于常见的动植物形象，如蜜蜂、蝴蝶、梅花、鸟虫以及神话传说中的人物、百兽等。

白族扎染纹样中，蝴蝶花纹样是非常突出的（图1-232），在许多扎染制品中都能见到一只只翩翩起舞的蝴蝶与花的形象，十分生动（图1-233），就形状而言，有圆形蝴蝶、方形蝴蝶、长方形蝴蝶、三角形蝴蝶、椭圆形蝴蝶及多边形蝴蝶，体态有大有

图1-230　扎染窗帘（鲁汉摄）

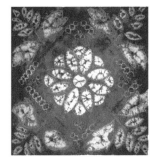

图1-231　扎染门帘

图1-232　蝴蝶花纹样

小，有的作为构图的主题，有的作为构图的陪衬，周城白族妇女的围腰腰带大多用小蝴蝶扎染图案装饰，中老年妇女的头饰及衣袖上喜爱用小蝴蝶图案装饰，而且构图和布局都严谨而丰满，可看出白族人内心深处对蝴蝶的依恋和热爱，蝴蝶已成为白族扎染中一个带有普遍性的纹饰主题，代表了白族人内心共有的一种集体意识。《白族扎染——从传统到现代》一书中，作者金少萍女士对蝴蝶主题作了几种解释：其一为蝴蝶是多子的象征，具有繁衍生命的意义。白族传统社会中往往以蝴蝶寓意人丁繁衍兴旺。其二为蝴蝶姿态优美，是美丽的化身，美好的象征，成为白族人们对美的一种憧憬和向往。其三为蝴蝶是忠贞爱情的象征。其四为花与蝶共生，蝴蝶与花卉是相互依存的，有花才有蝶，蝶以采花蜜为生，花靠蝶授粉。缘于上述文化背景，蝴蝶演变成了大理白族广泛而深厚的民间信仰中的一部分，并升华为意识形态的一种向往和追求，蝴蝶自然成为白族扎染艺术表现的主题之一（图1-234、图1-235）。

图1-233　花与蝶图案的扎染制品　　　图1-234　蝴蝶花　　　图1-235　蝴蝶纹样集锦

（3）印花布

民间传统印花布分为蓝印花布和彩印花布，在数量上以蓝印花布为多。

1）蓝印花布

蓝印花布又称"靛蓝花布"，因最初是以靛蓝染料印染而成的，故得名。大家熟知的荀子的"青出于蓝而胜于蓝"的名言，说的就是蓝靛印染中的工艺现象，今天这种工艺仍然保留在民间蓝印花布工艺中。蓝印花布的面料主要是棉布，棉布印花是以布料的生产和染料的取得为基础的，由于江苏地区盛产棉花，农民多从事纺织，所以蓝印花布在这一带首先发展起来，一直到现在，江苏南通地区依然有生产蓝印花布的民间作坊和厂家。在江苏、浙江、安徽一带，蓝印花布主要用于制作服装、床单、背面、枕套、蚊帐、门帘、包袱布等装饰用品（图1-236），二十世纪初，用于服装面料的蓝印花布还都是家织土布印染而成的，江南一带受到西方化学染料冲击较小，基本都采用天然的靛蓝印染。用靛蓝染色，色清，牢固性好。而且蓝印花布采用雕版漏印防染工艺，手工操作，没有复杂的设备，工艺简便易行，所以价格也便宜，这一切都为它自身的流行和发展提供了有利的条件。

　　作为服装面料的蓝印花布一般不会像刺绣那样选取某个主题纹样置于中间，四周辅以点缀图案，图案中一般不会出现人物，也很少出现动物，主要以花鸟题材的纹样居多。这是因为印制出来的花布是匹料，选用的图案组织往往是连续纹样，一版印制到底，图案中如果出现了人与动物，就很难避免不被裁剪得支离破碎或头足倒置。如图1-237-1和图1-237-2所示的为蓝印花布匹料印花版。

图1-236　民间蓝印花布衣服

图1-237-1　蓝印花布匹料印花版

图1-237-2　蓝印花布匹料印花版（鲁汉摄）

　　① 蓝印花布的传统工艺　蓝印花布的传统工艺从制作角度可分为"漏版刮印"和"木版捺印"两种。

　　木版捺印的蓝印花布，则是用木刻凸版直接着色在布上印出花纹。木版多为连续纹的一个单位，由艺人按顺序捺印在绷好的布料上。这种方法，曾流行于欧洲，我国主要在新疆维吾尔族使用，并形成传统。近年来在江苏南通民间有所发现，已是几十年前的旧物。

漏版刮浆的蓝印花布，即古代所称的"药斑布""浇花布"和"刮印花"。它是在蜡染的基础上发展的，属于防染印花的一种。在使用材料上比蜡染更普及，制作也简便。所以数百年来成为我国民间一种主要的衣被装饰方法。

据江苏《民间印花布》书中介绍，漏版刮印的材料和工艺，主要是油纸镂花版，在布上刮以豆粉和石灰的防染浆，然后浸入靛蓝缸内染色，染后刮去灰浆即成蓝底白花的花布。《无邑志》中说："药斑布，其法以皮纸积褶如板，以布幅阔狭为度，镂镌花样于其上；每印时以板覆布，用豆面等药如糊刷之，候干方可入蓝缸浸染成色。出缸再曝，才干拂去原药，而斑斓布碧花白，有如描画。"这是对单版而言的。此外也可印成白底蓝花。只需在主纹版外加一块副版，以割断若干不必要线条的连接。花纹的效果取决于油纸版的刻镂。油纸版由桑皮纸用柿漆裱成，一般裱六层厚度。刻版的方法同阴刻剪纸相同，只是连线要牢，强调匀称，防止翘角。纸版刻好后还要上一层桐油，以增强牢度，不易透水。

② 蓝印花布赏析　民间蓝印花布清新明快、淳朴素雅，具有独特的民族风格和浓厚的乡土气息，在装饰风格上具有别具一格的美（图1-238-1、图1-238-2）。关于蓝印花布的艺术处理手法，我国著名专家张道一先生曾说道："蓝色在色谱中是感到沉静的，最可亲近。用蓝色在白布上印出蓝底白花或是白底蓝花，显得朴素幽雅，在花纹的处理上，它不是出现长线条和大块面，而是用断线和圆点来塑造形象，组成构图。因此，民间艺人在做这种特殊处理时讲究用'节'，将线断得恰到好处，看起来很自然，好像是有意变化似的。油纸版的刮浆和防染不易使画面出现深浅挥

图1-238-1　淳朴素雅的蓝印花布（鲁汉摄）　　　图1-238-2　具浓厚的乡土气息的蓝印花布（鲁汉摄）

晕，但是，通过线的断续和线的疏密，却能产生种种层次，国画家用墨作画，讲究'墨分五彩'，是利用了墨色的浓淡深浅，挥洒自如，使画面产生丰富的效果；同样，蓝印花布运用线形的大小疏密，也会出现多彩之感，在单一的蓝色中包含着更多的色调。"❶

传统的蓝印花布的图案主要分两类，一类是专门制作匹料的，为比较严格的四方连续图案；另一类是适应具体用途的专项图案设计，如头巾、围兜、坎肩、包袱（图1-239）、被面、门帘（图1-240）等。这些图案丰富多样，是综合运用了当地风俗、习惯、宗教、政治、经济、哲学、文学、民间传说、男女爱情等各方面因素作为图案构思的基础。如"鹿鹤同春"（谐音"六合同春"），"鹿"与"六"谐音，"鹤"与"合"谐音而构成"六合同春"，鹤为仙禽，鹿为瑞兽，意在颂扬春满乾坤，万物滋润的美好情景。再如"凤穿牡丹"（图1-241），凤被称为鸟中之王，传说凤凰长生不死，即使死后，也会再生。牡丹被称为花中之王，这样凤和牡丹结合具有春风独占的爱情喻义。又如"鲤鱼跳龙门"（图1-242），民间传说黄河中部大悬瀑名叫"龙门"，鱼跳上龙门就能变成龙而升天，用作比喻逆流前进，奋发向上。还有如"连年有余"（图1-243），图案中用荷花、莲子、金鱼组成画面，由于"连"与"莲""余"与"鱼"谐音，象征富贵有余，年年丰收的美好愿望。有的蓝印花布还利用吉祥字的篆体组成图案，如百福、百寿、百禄、回纹、万字等，表现了人们善良、健康和愉快的思想感情和朴实的审美观以及对幸福生活的向往和追求。

图1-239　蓝印花包袱布（鲁汉摄）

图1-240　门帘局部图案（鲁汉摄）

❶ 张道一，徐艺乙. 民间印花布. 第1版. 南京：江苏美术出版社，1987：12.

图1-241 "凤穿牡丹"蓝印花布　　　图1-242 鲤鱼跳龙门蓝印花布　　　图1-243 "连年有余"蓝印花布

2）彩印花布

　　彩印花布从工艺制作的角度可分为"漏版刷花"和"木版矴花"。"漏版刷花"不是刮浆防染，而是在镂空的花版上用直接性染料刷花。版为套版，用油纸刻镂，有的地方用薄铁皮或羊皮凿刻（图1-244）。所刷色彩，有大红、品红、玫红、品绿、江黄和紫色等。印染的成品有大包袱（民间用来包棉被）、小包袱（包衣物）、儿童围兜以及门帘、桌围等。"木版矴花"的彩印花布，是用木版雕花，然后将布料蒙在版上，打湿打紧，有些像我国传统的碑版摹拓，只是不用摹拓印，而是分部位用染料刷色。这种矴花彩印花布一般比漏版彩印花布更细致，但色调同样鲜艳明亮，对比性很强（图1-245~图1-247）。

图1-244 羊皮雕刻的小印花版（清　莱西 鲁汉摄）　　　图1-245 色彩鲜艳明丽的彩印花布（鲁汉摄）

图1-246　鱼戏莲彩印花布（鲁汉摄）　　　　图1-247　民间彩印花布（鲁汉摄）

3. 斑斓厚重的编织

"纺织"在有的书中专指用草、藤、竹篾等植物编织，本书的编织概念包括"编"和"织"。编有"编结"（包括编盘扣和编花结），织有"织花"（包括织锦和织花带），都是特指我国民族服饰品制作的织造工艺，通常采用自制的棉线、丝线进行手工编或织。

（1）编结

编结在本书中专指两项传统手工艺：盘扣和花结，二者都是传统民族服饰中常用的一种装饰工艺，并以精巧而意味深长的装饰风格而著称于世，具有典型的中国特色。

1）盘扣

盘扣是中国传统服饰独特的装饰工艺。"扣"，即衣扣，在服装中用于连接衣襟。中国传统服装的扣用绳或布袢条打结而成，因其方便实用，故在元明之后一改自古以来系带的习惯，成为连接衣襟的主要形式，且扣下的袢条越留越长，用以盘成各种花样，于是又有了"盘扣"一说。中国服饰重意韵、重内涵、重主题、重简约之中的装饰趣味等特征都在盘扣中得到了充分的体现。

盘扣的常用材料有绸缎、布、毛料、铜丝等。盘条有软硬之分。软盘条不夹铜丝，轮廓柔和。硬盘条需在做盘条时夹入铜丝，其在盘花时弯曲自如，立体感强，便于造型。

盘扣主要有对称和不对称两种形式。

对称盘扣：盘花左右两边的图形与每个图形的上下都是对称的，这种盘花形式最为朴实、大方，应用广泛。也可以只是左右两边的图形对称，而每侧图形的上下则不求对称，以达到统一之中有变化、端庄之中见灵巧的效果（图1-248-1）。

不对称盘扣：盘花左右两边的图形不对称，而以一主一副、一重一轻的形式来表现，主花是重心，副花是陪衬，主花夸张，副花含蓄，主花求其完整，副花求其平衡，纹样变化活泼自由，装饰效果华丽隆重。此种形式的盘扣主要出现在传统中式晚礼服、演出服、旗袍上（图1-248-2）。

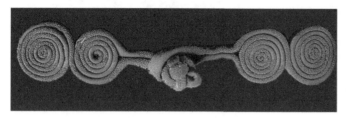 

图1-248-1　对称盘扣　　　　　　　　　　　图1-248-2　不对称盘扣

盘扣的装饰性主要表现在盘花的花型上。花型题材多为仿花草鱼木、字体、图形之类，极富民族风格。众多的盘扣花样，大致可分为三类，即仿形扣、字形扣和图形扣。

仿形扣：盘花仿自然界中动植物的形态。如以花果叶的形、姿为题材的菊花扣、梅花扣、水仙扣、石榴扣、桃子扣、苹果扣、葫芦扣、秋叶扣、叶形扣等。其中菊花扣纹样大小随意，简而不空，繁而不乱，适合于各个年龄层次的妇女服装，应用面极广。石榴扣是子孙繁衍的象征（因石榴多籽），用在婚礼服与已婚妇女的服装上，有祈盼繁育后代、人丁兴旺的寓意。葫芦扣盘法简便、形态圆满、装饰性强但又不显得过于张扬，适用于各年龄段妇女的服装。桃子扣又称寿字扣，在中国民俗中"桃"与"仙寿"有关，象征延年益寿，因而也被经常采用。此外，仿鱼虫飞鸟形的盘扣有金鱼扣、双鱼扣、蝴蝶扣、蜻蜓扣、青蛙扣等，造型逼真、姿态优美，纹样变化多，用途广，不仅装饰效果强，而且亦颇有"口彩"。另外，还有仿龙凤、仿如意之类的仿形扣，注重寓意，形态优美、华丽，是礼服中常用的盘扣（图1-249-1～图1-249-5）。

字形扣：是汉字这一独特的文字符号作为基础图形而做成的盘花扣，一般选择带有祝福、吉祥、祈盼之意的福、禄、寿、喜、吉等文字盘结而成。字形扣的字体变化与图案相融，既美观又大方，是人们在祝寿、贺喜时穿着的礼仪服装上常用的盘扣样式（图1-250-1、图1-250-2）。

图形扣：呈几何图案形式的盘扣，简洁、明快、追求表现形式上的抽象和概括。传统的一字扣作为几何形盘扣的基本造型流传下来，堪称各种盘扣之"根"，此外，图形扣有三角形、方形、长条形、波折形，等等，是男女各式服装中常用的装饰盘扣。

盘扣在传统服装中的布局非常注重整体的装饰效果。一字扣在门襟、衣领处等间隔排列，简洁、大方，为最常见的布局。一字扣成双排列，或三粒、四粒密集并列，活泼优美，富于节奏感，常用于斜襟服装。一字扣与花扣的组合排列也很别致，如苏州丝绸博物馆收藏的一件服饰，领扣为一字扣，胸扣则为蝴蝶扣，布局生动活泼。一对花扣，其余则为暗扣，这种布局使造型优美的花扣产生醒目的装饰效果（图1-251）。

图1-249-1 菊花形盘扣

图1-249-5 叶子形盘扣

图1-249-2 石榴形盘扣

图1-249-3 蜻蜓盘扣

图1-250-1 喜字形盘扣

图1-250-2 寿字形盘扣

图1-249-4 葫芦形盘扣

图1-251 一字扣

2）花结

花结是将一定粗细的绳带，结成结，用于衣物的装饰。花结在中国有着悠久的历史。我国传统服饰中的腰饰、佩饰都离不开结。结体现了中国传统装饰创造的智慧与技巧，其花样变化可以说是无穷无尽的。林林总总的花结或结成篮子盛放什物，或结于物尾垂作缀饰，有些花结则直接作为饰物，如施于衣缘作为边饰，悬于腕下作为腕饰，或系于颈间作为颈饰。其形式的多变，用途的广泛，创意手法的层出不穷，编结智慧的了无止境，都是中华民族生生不息的创造力的生动体现。

花结的传统工艺介绍如下。

编花结的材料单一，只要根据花结不同的造型和用途准备好粗细与质感合适的绳子即可。原料有丝绳、棉绳、尼龙绳等。工具有剪刀、镊子（帮助抽线）、珠针（用于固定）。花结的形式变化多样，但有其基本的编结规律，基本结是花结中最基本的造型单位，结构单一，并且从一个结可连接着编下一个结，直至形成完整的应用结。基本结的制作工艺，也就是常用的花结基础制作工艺有如下几种。

十字结：其中心结构为一个简单的十字，结背面呈十字形，正面呈井字形交叉（图1-252）。

万字结：结中心呈井字形交叉，三个方向各伸出一个线扣。其打法有右起首与左起首两种，结中心的井字形也呈现不同的交叉方向（图1-253）。

盘长结：四周为三大四小共七只饰环，在盘结过程中，需用珠针固定，等盘结完成后，再除去珠针，并调整定型（图1-254）。

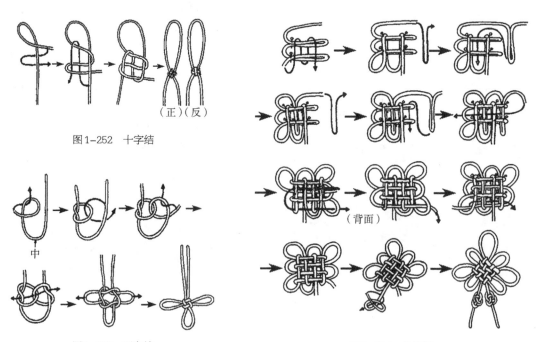

图1-252 十字结

图1-253 万字结

图1-254 盘长结

平结：以一根主绳与另一根中心绳盘绕而成，中心绳可粗可细。此结结构简单、加工方便，也很结实，可用来作腰带、项链等（图1-255）。

梅花结：结中心呈三角形，周围有五个饰环，状如梅花。打结至最后，需将所有饰环和绳端拉紧（图1-256）。

小草结：结中心呈井字形，上、左、右三个方向各拉出一个饰环，状如小草叶片（图1-257）。

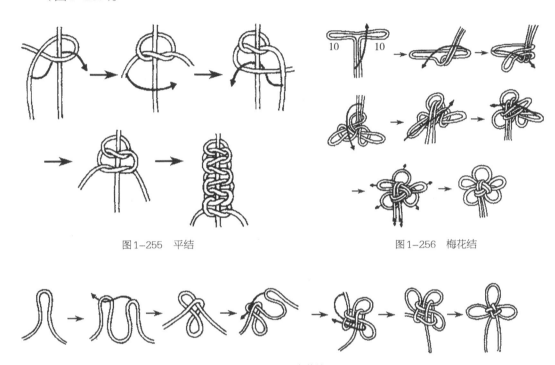

图1-255 平结

图1-256 梅花结

图1-257 小草结

在基本结的基础上，可发展变化出无穷无尽、富于创意的结式来（图1-258～图1-260、图1-261-1、图1-261-2）。

图1-258

图1-259

图1-260

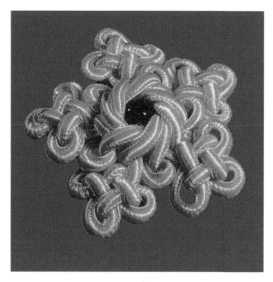

图1-261-1　　　　　　　　　　图1-261-2

（2）织花

织花是一种传统编织工艺，包括织锦和织花带两类。传统的织锦是直接在木质织锦机上用竹片拨数纱线，穿梭编织成纹样，以彩色经纬线的隐露，来构成奇妙的图案。操作时，数纱严密，不能出错，织制时间较长，是一门较为复杂高超的民间手工艺。织花带通常在专门的编织机上操作，非常方便，在各少数民族中也很普及。不管是织锦还是织花带，在许多民族的服饰上均可见到，比如黎族姑娘身着的漂亮筒裙就是用她们亲手制作的织锦做成的。侗族妇女身后斑斓古朴的背儿带是侗锦艺术的展现，还有苗族、瑶族女子的腰带、绑腿等，大多直接采用织花带，显得更加美丽动人。

1）织锦

锦，比较官方的解释是以彩丝织成的有花纹的织品。历史上三国时的蜀锦、宋锦、元代的织金锦、明代的云锦等都是各个时期各个地区的有特色的织锦。而在我国许多少数民族地区，把以棉织的花纹布也称"锦"，是取其华丽之意。民族织锦比较有特色的有侗族的侗锦、土家族的土家锦、瑶族的瑶锦、壮族的壮锦、苗族的苗锦、黎族的黎锦、傣族的傣锦等。少数民族的织锦图案和色彩都非常丰富，斑斓厚重的织锦多用于服饰品的装饰，比如头帕、腰带、围腰、背带、绑腿、筒裙等，也有的织锦用于家居装饰，比如床单、被子等。总的来说，织锦既是以实用为先导的生活必需品，又是一种不断完善、更新和发展的艺术创造，具有浓重的感情色彩和个性风格。

① 侗锦赏析　侗锦的原始产区主要分布在湘西南的通道县及与之毗邻的贵州黎平县，广西的三江、龙胜县。侗锦古称"纶织"，为侗族妇女的主要传统手工艺。侗锦在

服饰上的运用较多，比如头帕、肚兜、绑腿、背儿带、小孩花帽等，并常常作为姑娘定情的信物，赠送给心爱的人。

侗锦的整体风貌如同侗寨的宁静秀雅，呈现出明丽清秀和精致纤细的特色。传统侗锦有彩锦和素锦两种，其中素锦较常见。素锦多用两种颜色的细纱线交织而成，有黑、白两色，也有黑、蓝两色或者蓝、白两色，一般以白色线为经，蓝或黑色线为纬，经纬互为花纹，即一阴一阳两面起花。素锦虽然仅为两色线织成，仍不觉单调，反而显得朴实大气，并具有丰富的层次感。如图1-262和图1-263所示，儿童围兜、鸟纹童帽均为素锦，纹饰明秀精致，十分耐看。彩锦一般以棉线为经，丝线为纬，织锦正面色彩丰富，也多以蓝、白或黑、白色为主，配上二至三种跳跃的色彩，如桃红、粉绿、淡黄等色，使之统一又富有变化。如图1-264所示，古老的儿童背带、背带骑片，可看出这类织锦的纹饰用色注重整体效果，色彩沉着明丽。近十几年来，多以彩色细毛线作纬，图案色彩显得更加五彩缤纷（图1-265-1、图1-265-2）。

图1-264 古老的背带骑片

图1-262 素锦儿童围兜

图1-263 素锦儿童鸟纹帽子

图1-265-1 侗锦背带骑片

图1-265-2 侗族背带盖片

侗锦图案很多，有近百种，可分为植物纹、动物纹和抽象几何纹三大类。植物纹常见的有竹叶纹、竹根花、杉树纹、麦子花、菊花等（图1-266）。动物纹常见有鱼骨纹、龙凤飞鸟纹、人形拉手纹、战马纹、蛇纹、蜘蛛纹、蝴蝶以及动物局部肢体取名的凤尾、龟背、猪脚花等（图1-267）。侗锦中抽象几何纹用得最多，如太阳纹、云纹、万字纹、八角花等。织锦纹饰中同一形象的纹样往往在边框装饰中作变形处理或与其他几何图形连用。有的抽象纹样往往以具象为依据而又不受具象束缚，常在似与不似之间。

　　② 土家锦赏析　土家锦，土家语称"西兰卡普"。西兰卡普名称反映了土家族流传的一个优美故事。故事叙述的是古代一位聪明美丽的土家族姑娘西兰，善织土家锦，她织尽了人家所有的鲜花，唯独没有织出"寅时开花卯时谢"的白果花。为此西兰天天深夜独自守在后园的白果树下等待开花。一个月夜白果花开了，西兰欢喜若狂，心想将白果花织入锦缎。可是哥哥听信谗言将西兰打死在白果树下，可怜的西兰变成了一只小鸟——西兰鸟，常飞到织花锦机头上为织花女唱歌。人们为纪念西兰姑娘，将土家锦称为"西兰卡普"，西兰被土家族人尊为"织锦女神"。

　　土家锦通常绚丽多姿，图案丰富繁多。土家族过去长期处于"喜渔猎、不善商贾"的原始渔猎时代，所以土家锦中动物纹很多。如图1-268所示的燕子花锦，纹饰的主体是被抽象化了的燕子，是对自然动物的高度概括提炼，去掉了不重要枝节而表现出动物的特征。土家锦中植物纹样也很丰富，有被称为"美不过"的岩墙花（图1-269），其花纹经过土家人的重新组合和变形处理，已经找不到原始的具象依据。但各种岩墙花的色调变化很丰富，视觉效果极其强烈。抽象几何纹也是土家锦擅长的纹饰，其中勾状纹用得极其多，据当地人介绍，勾状纹是春天来临时冒出的新芽，林中的藤勾象征生命的搏动；土家人的民歌中唱道："四十八勾织得好，勾勾钩住郎的心。"如八勾花纹（图1-270）、二十四勾花（图1-271），这些勾纹据相关资料分析，应该是万字纹的分解与演变。土家锦巧妙地将勾纹运用在各种纹样组合中，增加了土家锦的装饰感。勾状角度宛转统一，力量强烈，方向变化整齐划一，形成规范的形式，产生出强烈的形式美感。

图1-266　菊花纹素色侗锦　　　　　图1-267　龙凤纹侗锦　　　　　图1-268　燕子花土家锦

③ 瑶锦赏析　瑶锦在民间的应用主要体现在被面和服饰上。现今仍是瑶族姑娘定情物和最主要的嫁妆。其中湖南江华瑶锦八宝被十分有名，所谓"八宝"，民间有多种形式，文字记载为：八宝被上锦面纹饰带中的三四十种纹饰大多是抽象几何纹和抽象蝴蝶花草纹及动物纹，如万字纹八宝被（图1-272）、花草几何纹八宝被（图1-273）等，颇有特色的是一些简笔字纹和诗词民谚表现。简笔字纹常见有喜字、田字、井字、山字，等等，民谚诗句大多反映瑶家人纯贞情爱和朴实健康的人生理想，如图1-274所示的民谚纹八宝被。

图1-269　岩墙花土家锦

图1-270　八勾花纹土家锦

图1-271　二十四勾花土家锦

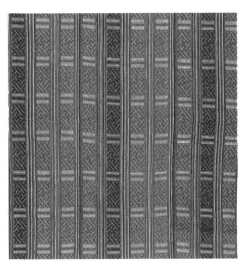
图1-272　万字纹八宝被

图1-273　花草几何纹八宝被

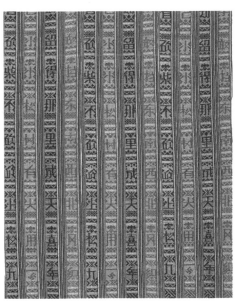
图1-274　民谚纹八宝被

瑶族服饰上用织锦的地方也比较多，比如金秀瑶族自治县有的盘瑶妇女，她们逢喜庆佳节，喜欢在肩上披挂织绣精美的瑶锦，色彩以红为底，黑为图，图案以抽象纹样为多，部分盘瑶将头发盘至头顶，然后用瑶锦层层缠绕出一个尖状帽，结婚时候还用数条两端缀彩穗的瑶锦带缠绕在瑶锦外，形成较大的尖头帽。

④ 壮锦赏析 壮锦在少数民族织锦中占有独特的地位，历史上许多书籍对壮锦都有记载，清代傅恒著《皇清职贡图》中图文并茂，记载更为详尽："贺县獞人（'獞'和'僮'均为旧时对壮族的蔑称）：男花巾缠头，项饰银圈，青衣绣沿，女环髻遍插银簪，衣锦边短衫，系纯棉裙，华饰自喜，能织獞锦及巾帕，其男子所携必家自织者"。"融县獞人：男花布缠头，女项饰银圈，衣沿以锦花褶绣，履时携所织獞锦出售，必带笠而行"。"兴安县獞人：男蓝布裹头，妇椎髻银簪，悬以花胜抹额，悉缀以珠，衣裳俱沿以锦绣"。上述文献中提到的"锦""獞锦""斑布""花幔""花斑"，就是凝结着壮族人民勤劳与智慧的民间手工艺品——壮锦。东汉刘熙著《释名》中有："锦，金也，作之用功重，其价如金，故字从金帛"。壮锦与壮族人民的生活息息相关，不但将人们打扮得如花似锦，又是壮族人民生活的一项重要经济来源。历史上曾作为贡品，但未被宫廷控制而长期流传于民间，始终保持着浓郁的民族特点和朴实的地方风格（图1-275）。

广西忻城县的壮族民间世代口传着一个关于壮锦的动人故事：在九百多年以前的宋代，这里有一位心灵手巧的壮族姑娘叫达尼妹，她织的布远近闻名。有一天清早，达尼妹去地里为棉花整枝，看见棉枝上的蜘蛛网挂满了晶莹的露珠，在朝霞的映照下闪着七色的光芒，她灵机一动，用五光十色的丝线为纬，原色细纱为经，把这美丽的景色织进了布里，由此诞生了瑰丽的壮锦。壮锦最具特色的工艺要算它的织机了，叫"竹笼机"（图1-276），这种织机在广西分布很广，是由于它靠竹条编制的"花笼"控制提花而得名。编花竹编排在"花笼"周围，织锦时，按编好的程序顺序取下编花竹，便织出美丽的纹样。壮锦是用丝绒和棉线采用通经断纬的方法，巧妙交织而成的，它以原色的棉线作经，用五彩的丝绒为纬织入起花，采用平纹组织作底，这样，就在织物的正反两面织成了对称的纹样，并将底组织完全覆盖，增加了织物的厚度，使得壮锦既结实厚重又抗磨耐用。

图1-275 清代壮族服饰中的壮锦

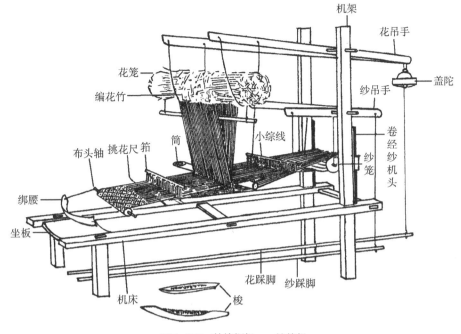

图1-276 壮族织机——竹笼机

壮锦的图案造型主要有三种形式：一是几何形骨架内织自然形纹样的四方连续结构，常由万字纹、回纹、水波纹等几何纹样组成四方连续骨架，在骨架的斜行、菱形空格内反复连续地织上梅花、菊花、蝴蝶、花篮等适合纹样，自然纹样和几何纹样紧密结合，既严谨和谐，又生动自然，呈现出丰富多彩而优美的节奏感；二是底纹上织主题图案的二方连续结构，多以万字纹、回纹、水波纹等几何纹样为底纹，上面再用二方连续的排列形式织各种动植物纹样，常由一个主题图案和左右对称或均衡的纹样配合组成一个有机的整体，并形成多层次的纹样，主次分明，布局得当，在几何形底纹的衬托下，通过暗底亮花或亮底暗花的映衬，使主题图案更加鲜明突出；三是在平纹上织底纹，这是壮锦中织法和图案最为简单的一种形式，主要是用以万字纹、回纹、水波纹等几何纹样作为基本纹样来进行连续组合，其结构紧密，图案简练，给人以静雅朴素的感觉（图1-277）。

壮锦色彩非常绚丽，常以红、黄、蓝、绿、白为基色，对比强烈、明快，具有浓艳粗犷的艺术风格（图1-278）。壮锦的图案纹样也很丰富，以花为主的题材占大多数，是因为传说中壮族创世女神米洛甲是从花朵中生出的，壮族人祈求生育的方式就是祭祀花神，或是在床头插花。所以，牡丹、石榴、菊花、梅花、莲花、桂花、茶花等图案在壮锦比比皆是，特别是极具地方特色的水果纹，是以当地特有的柚子、菠萝、荔枝、龙眼为图案的。这些花果由于壮锦经纬交织的工艺特点所限，产生了强烈的夸张和变形，常采用直线转折构成形象轮廓，直中有曲，拙中见巧，越发显得生动可爱。壮锦中也常用传统的纹样如云纹、雷纹、万字纹、八吉纹、双喜纹等，如图1-279所示的为雷纹五彩菊花锦。此锦是流行于广西宾阳地区的壮锦，以朱红为底，黄色为雷纹，排列有序的方格内嵌以五彩菊花，菊花用色多变，蓝、白、红、紫相互穿插运用，色彩相互衬托，整个壮锦显得绚丽而稳重，强烈而不火，堪称配色的典范。在其他纹样中，凤鸟纹在壮锦中占有较大的比重。壮族人民喜爱凤凰，视之为吉祥的象征，所以有"十件壮锦九件凤，活似锦中出"的赞誉。壮锦的凤鸟纹不像汉族凤鸟纹那般雍容华贵，更多像水鸟一样轻盈小巧，玲珑可爱。如图1-280所示的为凤鸟与梅菊纹壮锦，凤鸟被梅菊花纹簇拥着，造型简练，神态生动，昂首直立，简洁而优美。

图1-277　以水波纹样组成四方连续骨架的壮锦

图1-279　雷纹五彩菊花锦

图1-278　绚丽多彩的壮锦

图1-280　凤鸟与梅菊纹壮锦

⑤ 苗锦赏析　苗族人善纺织，几乎家家户户都有织机（图1-281），织锦技术有着悠久的历史，汉末时期其工艺就受蜀锦影响，产生了自己的锦。苗锦有武侯锦的称谓，《贵州通志》称："用木棉线染成五色织之，质粗有文采。俗传武侯征铜仁蛮不下时，蛮儿女患痘，多有殇者求之，武侯教织此锦为卧具生活，故至今名曰武侯锦。"《丝绣笔记》中还记载了对被称为诸葛峒锦的赞美之词。

苗锦有两种类型。一种是大花锦，图案纹样复杂，构成气势大，适于做被褥、围裙。如图1-282所示的做被褥的湘西苗锦，以小方块组成的大合细花呈菱形图案纵向连续。纵向"之"字形边条苗锦统称绳子花，其中填入的抽象形小花为苗锦特有的填空纹。这类织锦厚实，色调和谐，其中部分大方格用统一色彩处理，打破了单调感，体现了手工织锦的特色。

另一种是小花锦，图案多以棋格状或散点状形成连续图案，单个纹样单纯，图案形象小，连续展开后整体效果具有很强的节奏感。这种织锦多用于做服饰披肩、衣袖装饰等。如图1-283所示的贵州卡寨苗族小花锦服饰、织锦衣袖花、织锦衣背花（图1-284）、织锦头帕（图1-285）等。这类在服饰上展现的织锦细腻精致，讲究色彩与整体服饰的关系。

图1-281　苗族人织锦（刘天勇摄）

图1-282　湘西苗锦（大合细花纹牛肚被的局部图案）

图1-283　贵州卡寨苗族小花锦服饰（刘天勇摄）

图1-284 衣背织锦图案   图1-285 苗族织锦头帕

2）织花带

织花带是遍及南方诸多少数民族的一项手工艺，织花带的编织机是一个形似圆凳的三脚或四脚木质架，木轮上立两只木桩，木桩之间穿一横条圆木，编组带时先将丝线一端系在横条上，另一端则系在纺坠上，纺坠一般以竹条作杆，杆的上端做成勾状，丝线络于内，杆的下端以线拴上石或纺轮。织花带时转换不同的纺坠就可以编出丰富的组带纹样。此外，有的织花带也可以在织布机上进行（图1-286-1～图1-286-4）。

图1-286-1 织花带的一种编织机（刘天勇摄）   图1-286-2 织花带的另一种（鲁汉摄）   图1-286-3 织锦机上织花带（鲁汉摄）

织花带艺术在西南众多民族中大同小异，图案纹样丰富华丽，有的一条花带上分段连续纹样，有的是单一纹样重复出现，有的多种纹样并列其中。花带的应用也极广，主要有腰带、背裙带、背儿带、绑腿带等，长可达丈许，短仅尺许（图1-287-1、图1-287-2）。宽边素色花带宽度有两寸，窄边的有一指宽。织花带分棉织和丝织两种，也有棉丝夹用的。

图1-286-4　织花带的编织机（鲁汉摄）　图1-287-1　卐字几何纹藏族花带　图1-287-2　花鸟纹土家族花带

织花带是苗家姑娘们必须学会的本领（图1-288）。女孩一般从十二三岁开始随母亲学织，苗族姑娘常以花带传情，视为情爱的纽带。贵州凯里、舟溪一带一年一度的芦笙会上，小伙子们会对姑娘们吹起"讨花带歌"："送根带伙伴！送根带伙伴！你生得美丽，艺赛天仙。你织的花带，会配五色线。像龙须出水，如彩虹天下。不送三庹子，一拃我也愿。得你赐花带，心里蜜糖甜。"姑娘们随即从腰间各自取出花带，系在自己相中的小伙子的芦笙管上。到芦笙会的第四天，献花带的姑娘也纷纷向小伙子索取回赠的爱情信物，并唱："你的芦笙调，赛过枝头的知了……悄悄捆上带一条，一条带子两颗心，我心爱的情哥呀，你可别忘掉。"之后一对有情人你来我往，直至结为终身伴侣。此外，花带也是苗家人赠送客友的珍贵礼品。如图1-289所示，苗族的织花带图案丰富多彩，多采用常见的花草鸟蝶图案，每个单元纹形式完整，有的以对称重复形式排列，有的以正反重复形式排列，有的则单纯重复形式排列，装饰性突出。

侗族花带分为素色带（黑白二色棉线花带）和彩色花带（丝线花带）两种。黑白带质朴大方，一般系于腰间。图1-290所示的为素色织花带，以黑色和白色为主，经纬布纹非常清晰，黑色为底，花纹图案用白棉线织成。织物古朴大方，风格独具。侗族的彩色花带是由五彩丝线以织花机细织而成，一般用作婚嫁等喜庆场合的装饰品。

图1-288　织花带（鲁汉摄）

图1-289　苗族织花带

仫佬族的花带也非常精美（图1-291），广西罗城地区的仫佬族女子闲暇时便在一起织花带，供自己和家人使用。花带或镶在袖口裤脚，或缠扎在头顶，或系结在腰背，色彩多为单纯的黑白对比，丰富了服饰整体效果。

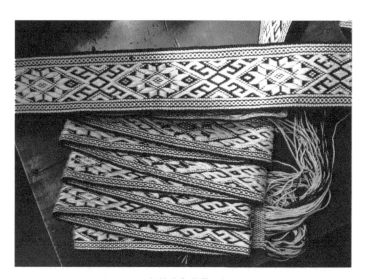
图1-290　侗族素色花带（刘天勇摄）

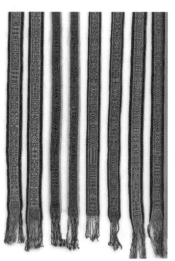
图1-291　仫佬族花带

从以上的分类和分析可以看出，民族服饰的美和其工艺技术是分不开的，我们不仅要从审美的角度去看待民族服饰，还要从工艺技术文化的角度去分析民族服饰，这样我们才会全面而立体地读懂她，也能更轻松地抓取其设计元素，从而为现代服装设计所运用。

第二部分

时尚寻踪

服装设计中的民族元素

"民族的才是世界的"此话似乎有些老套，但其中确实包含真理。正如服装设计大师三宅一生（Issey Miyake）所说："传统并非是现代的对立面，而是现代的源泉。"东方风貌、欧洲风情、非洲风格、夏威夷以及印第安还有波西米亚等诸多的民族风格被服装设计师们所借鉴和采用，并赢得了鲜花与掌声，也使她变得知性、美丽和时尚。

一、矛盾的结合体——日本

日本在世界人民的眼里是一个时尚深受西方影响的国家，也是一个东方气息浓厚、文化悠远的国度。

选择风和日丽的假日去日本看微风吹过樱花林，落英缤纷，可以说是人间极美的事情。不仅仅是赏樱花，感受一下日本人的生活环境及生活本身更是如此。木质纸糊的房子、石径小路、小巧精致的庭院，以及富有艺术感的各种生活琐事，如茶道、书道、花道等，将日本文化中的阴柔和唯美，及日本人的樱花性格渲染得淋漓尽致。

同时，日本文化中又有阴暗、残忍的一面，这在人们熟知的"武士道"中都有所体现，崇尚血和死亡的精神。直到现在，军国主义仍是日本社会的一种思潮。这种保存在武士道和军国主义里刀的精神，打破了樱花的平静与平衡之美。不难看出日本文化中矛盾的两个极端。受西方的影响，年轻的日本新人们在不知不觉的环境中将西方的前卫叛逆和本民族传统易走极端的性格融合在一起，使他们在许多的时候比西方人还要前卫，同时也影响了西方。以20世纪70年代以来的日本服装设计师群体为代表的"反时装"的兴起，对世界时装及时尚潮流的影响非常具有代表性。

现代与传统、东方与西方的融合的理念，不仅仅是大和人对待服装的一种穿衣态度，同时也是日本服装设计界常常被提及的，比如日本著名的服装设计大师，三宅一生（Issey Miyake）、高田贤三（Kenzo Takada）、川久保玲（Rei Kawakubo）、山本耀司（Yohji Yamamoto）、森英惠（Hanae Mori）等，都是这样传统与现代混合文化抚育出来的，他们设计的服装令世界设计师和评论界为之震惊。可以说，三宅一生是最早将日本风格带到欧洲的人，其灵感来源于日本，但却有世界普遍意义，三宅一生打破了原有的服装潮流趋向，创造了有东方神韵的时装风格。首先在服装造型上，借鉴东方宽衣博带形式隐人体于服装之中，追求人与自然的和谐，并采用东方平面裁剪、制衣技术以及缠裹的立体裁剪方法，打破了西方拘泥于形式的高级时装的表现手法，尽可能表现其自然和漫不经心的感觉，同时给穿衣者发挥个性的空间，让穿衣者和设计师共同完成服饰作品，如图2-1~图2-3所示。

图2-1 三宅一生（Issey Miyake）作品之一

图2-2 三宅一生（Issey Miyake）作品之二

另外，一般民众对Issey Miyake品牌最直观的印象是"三宅褶"（"三宅一生褶"），如图2-4和图2-5所示。

其设计源于日本的传统手工艺折纸艺术。同时三宅一生将人道的思想贯穿于其设计中。他认为现代人的工作生活方式需要随时随地可穿、便于携带、易保管的，不需要花时间保养、整烫和送干洗店的服装，改变了高级时装及成衣一贯平整光洁的定式。

在森英惠（Hanae Mori）的服装设计中，其作品（图2-6、图2-7）经常将日本传统的友禅纹样应用于现代感的套装设计中。

图2-3 三宅一生（Issey Miyake）作品之三

图2-4　三宅一生（Issey Miyake）作品之四

图2-5　三宅一生（Issey Miyake）作品之五

图2-6　森英惠（Hanae Mori）作品之一

图2-7　森英惠（Hanae Mori）作品之二

另一位著名设计师山本耀司（Yohji Yamamoto）在其服装设计中都采用平面裁剪，将服装的外观形成一种非对称式的效果，如图2-8～图2-10所示。

总之，日本设计师们对本民族传统重新审视及从民族文化中汲取灵感，他们有一个共同特点，都是采用逆向思维，"求异"的设计思路。无论是川久保玲（Rei Kawakubo）对传统审美的颠覆，还是森英惠（Hanae Mori）对日本传统图案的现代应用，在求变设计中都是非常成功的。以至于在国际时装舞台上占有一片天地，如图2-11所示。

图2-8　山本耀司（Yohji Yamamoto）作品之一

图2-9　山本耀司（Yohji Yamamoto）作品之二

图2-10　山本耀司（Yohji Yamamoto）作品之三

图2-11　森英惠（Hanae Mori）作品之三

二、时尚浪漫之都——法国巴黎

法国为时尚之国，而巴黎是时尚之都。正如法国高级时装工会主席迪迪耶·穆兰巴赫先生所言，也许不能说"没有巴黎就没有时尚"，但绝对可以说"没有巴黎，时尚就不会像现在这样"。法国人崇尚时尚，生活在世界时装中心的巴黎人更是如此，他们不仅仅在服饰上拥有很高的审美素养，在香水、化妆品、家居用品、运动、旅游以及生活方式，甚至恋爱上也时常更新。不难想象是他们造就了像让·保罗·戈尔捷（Jean-paul Gaultier）、伊夫·圣洛朗（Yues saint Laurent）等这样的时装设计大师。与此同时也吸引了世界许许多多外籍时装设计大师，如高田贤三（Kenzo）、约翰·加里亚诺（John Galliano）等。巴黎人还能在自己的日常生活中表现出其穿衣的功力，懂得自我搭配，不被潮流左右，坚持自我的风格，看上去每个人都像设计师，当然这和他们从小到大的耳濡目染，以及本土和国外多元文化的融合是分不开的。

大约在读大学的时候，就常常听到老师赞美法国时装，赞美法国女郎。法国人在笔者的印象中，是蓝色的眼睛、白皙的皮肤、金色的卷发、曲线优美的身段，以及搭配完美的服饰，极具浪漫气质的样子。这一点在笔者2005年随青岛服装协会考察参观欧洲的服装市场时也体会到了。

随着东方民族元素在时尚界中被广泛采用，时装界的设计大师们也纷纷将具有中国味道的元素运用到设计作品中。尽管可能这些时装元素的文化内涵不能被西方人们所理解，但仍然为很多人所喜欢，如日籍法国设计师高田贤三（Kenzo）的成衣有许多都是以东方民族文化为其设计的主要风格。尽管他是一个法国品牌，他的每一季作品会使人强烈感受到一股异域风情，如争奇斗艳的非洲、美洲植物和花朵、中国传统的中式便服、印度纱丽、东欧背心、北非沙漠地区游牧阿拉伯贝督因人的毛毯，都为高田贤三的创作提供了灵感，对西方各种要素的整体、局部、图案、色彩的恰到好处地应用，可以说是浑然一体。

而在服装结构运用上，高田先生也充分利用了东方民族服装的平面和直线裁剪，形成一种自由、舒适、宽松及具有东方民族服饰内涵的服装。总之，巴黎时尚Kenzo先生设计作品以自己本土文化为根本，加入东方的含蓄和自然，融入其感兴趣的文化元素，造就了具有独特东方韵味风格的巴黎时尚，如图2-12~图2-15所示。

另一位天性自由浪漫、无拘无束的英籍法国设计师约翰·加里亚诺（John Galliano）是迪奥（Dior）品牌的首席设计师，他善于从服装史料，东方民族元素汲取

图2-12　高田贤三（Kenzo）作品之一　　　　　　　图2-13　高田贤三（Kenzo）作品之二

图2-14　高田贤三（Kenzo）作品之三　　　　　　　图2-15　高田贤三（Kenzo）作品之四

精华，然后应用到其作品当中，开始了一场场游历世界民俗风情的展示。如中国的旗袍和扇子，苗族的百褶裙和银饰、日本艺伎的和服和日本的折纸艺术等，如图2-16~图2-20所示。

总之，多元化与国际化是近几年来民族风的重要特征，将亚洲元素的立领、和服等同欧洲、印第安、拉丁等民族风情元素混搭，使人无法说清楚是印度的还是欧洲的，是中国的还是日本的，这些民族元素经过结构重组，赋予了设计作品新的生命和力量，如图2-21所示。

图2-16　约翰·加里亚诺（John Galliano）迪奥作品之一

图2-17　约翰·加里亚诺（John Galliano）迪奥作品之二

图2-18　约翰·加里亚诺（John Galliano）迪奥作品之三

图2-19　约翰·加里亚诺（John Galliano）迪
奥作品之四

图2-20　约翰·加里亚诺（John Galliano）迪奥作品之五

注：利用中国的旗袍和伞设计，将东方仕女的轻盈温婉表达得淋漓尽致，同时也表达了西方人们对神秘东方的向往。

三、艺术的意大利

图2-21 约翰·加里亚诺（John Galliano）迪奥作品之六

笔者于2005年去意大利的米兰、罗马、佛罗伦萨、威尼斯等历史文化名城时，有一种感受——行走其间，随处可见的大街小巷的艺术雕塑，就像巴黎人将全部的生活置于时尚的风口一样，而意大利到处具有浓郁的艺术气息。同时也深刻地影响了意大利人的服装及服装设计师们。意大利人格外重视其悠久的文化传统，他们的设计才能代表欧洲传统的文化服饰精神，不像法国巴黎由于世界移民的涌入，优秀设计师的到来，形成多元文化荟萃之地，其时装是面向全世界的，当你真正踏入意大利这片土地时，相信你会真正到"原汁原味"的欧洲服装文化。就像他们所保留的历史遗迹，甚至一堵残壁，都能完好无损地耸在那里。

《VOGUE》杂志对阿玛尼（Giorgio Armani）和范思哲（Gianni Versace）这两位意大利著名的时装大师有一个共同评价："知识渊博，通晓民情风俗。他们在设计时装时不拘一格，随意发挥，特别注重从身材的立体角度去设计，如同给一座建筑物进行包装那样。因此所设计的服装能显示出立体美。"可见意大利民族的雕塑、建筑为设计师们的设计提供了大量的素材和灵感来源，如图2-22和图2-23所示。

图2-22 范思哲（Gianni Versace）作品之一

四、个性、民俗、自由的波西米亚

波西米亚（Bohemia）犹如空气一样缥缈，充满人们生活的方方面面。使人能分明地感受到，却不能清楚地说出来。从文学到时尚，从西方到东方，连同"波西米亚"这个迷人好听的名字不断被提及和流行一样。大多数人并不明白其原委，可能也不会太在意，而是出于一种莫名的喜爱。在今天，波西米亚已相当普遍，如同满街人们穿着的牛仔裤。随着时尚界"波西米亚"的日盛，2002年时装界几乎在一夜之间，T台上处处都是蕾丝荷叶边、绣钩花、悬垂的

图2-23　范思哲（Gianni Versace）作品之二

流苏以及人们头上顶着的似蓬松凌乱的长长卷发。从迪奥（Christing Dior）到高田贤三（Kenzo Takada），从莫斯奇诺（Moschino）到安娜·苏（Anna Sui）几乎所有的服装品牌都或多或少地染上了波西米亚的气息。

1. 波西米亚的含义

波西米亚的历史由来已久，曾是中欧的一个内陆国家，也曾是神圣的罗马帝国的一个省，现属于捷克共和国。严格地说波西米亚只是存在于我们脑海中的一个概念，并不是那个真实存在过的国家。就像我们今天提到的音乐，人们马上会想到维也纳一样。它不仅仅是地理意义上的波西米亚，而已经成为一种象征，一种追求自由、和平、特立独行的无畏精神，一种反体制，不受传统思想约束的文化理念。在流行和时尚主导人们生活方式的今天，波西米亚不仅仅风靡了整个时装界，同时也成为时尚生活方式的一种代名词。自然、随意略带颓废的装束以及漫不经心的生活状态和生理诉求，构成了新一代波西米亚族的标志。

2. 波西米亚人

波西米亚人就是最早来源于印度北部的吉普赛人。公元1000年左右，吉普赛人离开印度，向外迁徙。十四世纪，来到巴尔干半岛，十六世纪到达苏格兰和瑞典。"吉普

赛"（Gypsy）源于"埃及"（Egypt）这个词，1843年，迈克尔·威廉·巴尔夫的著名歌剧《波西米亚女郎》在伦敦首演时，波西米亚一词已经是吉卜赛的同义词了，当时"波西米亚人"泛指一切漂泊的流浪人。

"波西米亚人"的第二个含义出现于十九世纪的法国。追求自由、浪漫、不受拘束、热爱艺术，过着非传统生活方式，反对主流资产阶级文化的作家和艺术家群体，他们常以"波西米亚人"自诩。

3. 波西米亚风格服饰的起源和发展

任何事物都不是孤立存在的，波西米亚风格服饰的流行也是如此。它不仅仅是波西米亚人民族风俗的体现，同时也代表了人的生活方式和思想精神，也与波西米亚的文学艺术紧密相连。

波西米亚服饰最初的穿戴者是捷克的波西米亚人，款式拖沓、厚重，带有民族风情，材料多为羊羔皮、呢子等，注重服装配饰的搭配。十九世纪是波西米亚的黄金年代，二战以后，出于对战争时期的严酷和简朴的反抗，波西米亚精神表现在战后女性时装对传统的挑战上。20世纪60年代，"波西米亚"（Bohemian）一词是嬉皮士之间流行的俗语，成了他们用来向循规蹈矩、追求物质享受的中产阶级生活挑战的有力武器。他们的服饰风格可谓极致夸张，采用阿富汗式的外衣和土耳其式的长袍，在衣服的下摆加上流苏，披头散发，有的在头上束绑发带和珠串、大领的珠片外套……波西米亚人的行为方式、服装打扮在当时的"反文化"群体中广为流行——以破烂和自由随意来对抗传统正规的华贵服装，以纯手工打造来对抗工业化批量生产出的成衣。

新的波西米亚之风服饰从上世纪刮到了今天，或许是人们厌倦了工业化冰冷的直线条以及过于严谨、精致的现代生活，随处可见的没有什么款式、色彩、面料的服装风格是不可以互相搭配的，像千层饼一样一件套一件，层叠蕾丝、皮质流苏、蜡染印花、刺绣和珠串、低胯的叠纱大摆长裙、还有繁复装饰的皮靴、挎包……

4. 服装大师们的波西米亚情结

波西米亚人游离于世界，他们的服饰很难不带上浓郁的民族和地方特色：印度的亮片和珠绣、俄罗斯人层层叠叠的波浪多褶裙、摩洛哥的串珠和皮流苏等，如图2-24、图2-25所示。

这些手工打造的因素统一在波西米亚人不羁和流浪的气质以及服饰中，竟是那样的和谐。同时这些多变的装饰手段、丰富的色彩及带有异域文化元素风格的服饰给服装设计师们提供了丰富的想象力和创造力。

图2-24 约翰·加里亚诺（John Galliano）迪奥作品之七

图2-25 波西米亚人装扮（电影《加勒比海盗》剧照）

5. 波西米亚式的浪漫与奢华——安娜·苏（Anna Sui）

安娜·苏是Anna Sui品牌的创始人。1995年生于底特律，拥有中国和美国血统，身为第三代华裔移民的安娜·苏擅长从大杂烩般的艺术形态中，寻找设计灵感。她所有的设计均有明显的特点：怪诞、颓废和妖艳。安娜·苏的设计在叛逆、大胆中洋溢着浓浓的复古、绚丽和奢华的气息。她将花边、刺绣、流苏、烫钻、毛皮等装饰风格都体现在她的设计之中。如她在2005年春夏时装发布会上的表现，延续了一贯的迷幻和奢华、颓废与怪诞的风格，并充分融入了波西米亚元素，如图2-26和图2-27所示。

另一位著名的服装设计大师就是流淌着英国人血液的波西米亚人——约翰·加里亚诺（John Galliano）将街头风格与民族元素不断注入这个高级时装品牌，不断推出波西米亚风格游牧民族式设计，如图2-28～图2-32所示。

图2-26 安娜·苏（Anna Sui）作品之一

图2-27 安娜·苏（Anna Sui）作品之二

图2-28 约翰·加里亚诺（John Galliano）作品之八

图2-29 约翰·加里亚诺（John Galliano）作品之九

图2-30 约翰·加里亚诺（John Galliano）作品之十

图2-31　约翰·加里亚诺（John Galliano）作品之十一　　　图2-32　约翰·加里亚诺（John Galliano）作品之十二

　　总之，无论是设计大师们的波西米亚情结，还是时尚明星们的波西米亚风情，如今在我们的现实中都有了其缩影。你稍一注意，与你擦肩而过的，可能就是穿着带有流苏、蕾丝花边、民族印花、收口下摆及宽松式样的时尚女性。波西米亚风格服饰已经成为主流生活的一部分。

五、含蓄优雅的中国

　　中国曾一度以"衣冠王国"享誉世界。中华民族的服饰很早就被世界各国人民所喜爱，对东西方文化的交流产生了深远的影响。"胡服骑射"、日本人民的"和服"都是很好的例证。但中国的现代化服装艺术却非常年轻，随着20世纪80年代初改革开放后，一些国际著名服装设计师踏上中国这片土地，使中西方服饰文化得以彻底交流和促进。许多西方服装设计师以中国民族文化元素为灵感进行设计。正如已故的服装设计师伊夫·圣·洛朗（Yves Saint Laurent）所说："中国一直吸引着我，中国文化、艺术、服装、传奇故事都令我向往"。同样中国文化博大精深，中国的服装元素也深深吸引着本土许许多多设计师。

马可用最质朴的棉布表达生命的纯粹，梁子对几乎绝迹的莨绸制作古法进行发掘与保护；王陈彩霞将她对中国古典美学的理解用丝绸舒展；乔琬珊与苏芷君带着她们的爱与善走进西藏开发牦牛绒织品❶。这些本土的著名设计师品牌从不同侧面诠释，多考虑如何将中国传统民族服饰中的写意风格及西方写实风格完美地结合，如图2-33～图2-36所示。

梁子，"和平、健康、美丽"设计理念的倡导人，"天人合一"和谐之美的追随着。她坚持原创、个性，将中国传统面料、传统文化元素和现代时装设计作品相结合，让东方文化的精髓走得更远。

图2-33　王陈彩霞作品之一

图2-34　王陈彩霞作品之二

梁子出生在江南水乡，据说很小的时候就表现出了对时装设计的天赋以及热爱。中学毕业以后就去参加了有关的服装制板工艺方面的学习班。她崇尚天然，不张扬，其时装设计作品主要采用丝、麻、棉等天然面料，尤其对莨绸喜爱倍加。作品风格含蓄优雅、精致灵秀，同时具有很强的艺术与商业价值。在《天意·梁子》2009年秋冬时装发布会上再次展现了这种感觉，如图2-37～图2-41所示。

此系列面料依旧以莨绸为主，辅以棉、麻、丝等天然纤维，设计元素运用了清明上河图、青花瓷、茶马古道、野花、秋叶等来自大自然以及中国传统文化元素。

---

❶ Fabric of Life衣装寻源美. 清平乐. 2009.5.5.

图2-35 马可作品之一

图2-36 马可作品之二

图2-37 梁子作品之一

图2-38　梁子作品之二

图2-39　梁子作品之三

图2-40　梁子作品之四

图2-41　梁子作品之五

六、通过做来学——部分设计作品赏析

　　一名优秀的服装设计师首先要确立目标，通过一系列的系统调研后，往往会设计出几十张甚至几百张各种各样变化和细节设计的手稿，然后，通过仔细斟酌筛选出最有说服力的作品，把它演绎成系列作品。下面这些图例是笔者的设计作品，以及笔者在教学过程中学生的作业，这些作品都是结合时尚，融入民族元素进行创作的例证。如图2-42~图2-48所示。

图2-42~图2-48的作品为笔者在2010年春夏时装发布会《城市空间》的作品。城市空间既是具体的，又是不确定的。城市每天都有许多事情发生，包括任何人之间，任何物之间。笔者更习惯把城市空间理解为一种时尚关系，时尚是一座城市正在发生的历史，时尚可以关注过去，但终究会走向未来。本作品灵感来自城市的形态、国际化、人性的异化和未来。在后现代文化背景下，运用相对解构的款型风格，采用传统英式佩兹利纹样（中国称为火腿纹样）。以中性化色彩和环保面料，诠释城市空间下的人性、女性和知性。

图2-42　王培娜设计作品之一

图2-43　王培娜设计作品之二

图2-44　王培娜设计作品之三

图2-45　王培娜设计作品之四

图2-46　王培娜设计作品之五

图2-47 王培娜设计作品之六

图2-48 王培娜设计作品之七

　　图2-49、图2-50的作品灵感来源于海洋生态，在后现代文化背景下，运用相对解构的款型风格，采用鱼和螃蟹为图案纹样，以中性化色彩和环保面料，诠释女性、知性、人性的异化和未来。

图2-49 王培娜设计作品之八

图2-50 王培娜设计作品之九

图2-51作品灵感来源于写意荷花为素材，采用棉麻、真丝材料，搭配数码印花手法，诠释出一种新的民族化的国际时尚心态。

阿尤推崇的生活理念是自由、自然、自我、温暖亲和的，发扬中国传统服饰文化精髓，融合西方多元文化，采用精致的少数民族刺绣、工艺、印染、拼接、拼布等丰富多彩的装饰手法，结合中国传统纹样行云流水中的云纹和舒展的枝蔓纹样，运用天然环保面料棉、麻、毛、丝等，创

图2-51　王培娜设计作品之十

造设计了符合当代都市女性所追求的时尚彰显个性的特点，使其具有传统民族风情，同时兼具东西方文化元素，又不失古朴文化内涵的时尚阿尤品牌（图2-52～图2-56）。

如图2-57～图2-60所示的系列作品运用仿生构思手法、采用环保的人造兽皮草叶为服装材料，饰以印第安式的羽毛、饰带等作为流苏。既体现了原始民俗风貌，同时又具有后现代的前卫感。

图2-52　阿尤品牌作品之一

图2-53　阿尤品牌作品之二

图2-54 阿尤品牌作品之三　　　　　　　　　图2-55 阿尤品牌作品之四

　　如图2-61~图2-63所示的系列设计作品主要结合中国藏族服饰特点，融合当下时尚，大胆用色、繁简结合，解构手法颠覆了传统意义上的藏族服饰的结构和材料，体现了一种无拘无束、豪放传统、极具浪漫的波西米亚风格。

　　如图2-64所示的作品受麻衣的启发，以楚风服饰为灵感来源，采用本土原色坯布、网眼麻布，进行多层次搭配，力求体现作品自然缥缈、简繁相合及豪放不羁的美。

图2-56 阿尤品牌作品之五

　　如图2-65所示的作品打破了以往的皮毛结合的设计惯例，以全新的拼接形式来诠释时尚。在面料上运用了流行的针织镂空勾花与真皮相结合，工艺上以外翻缝为主要特征再加以肌理效果做点缀，重新诠释了皮装的时尚魅力。

　　京剧中有很多民族元素，蕴含着很多民族文化符号，图2-66~图2-68所示的作品

图2-57 杨宇琴设计作品之一

图2-58 杨宇琴设计作品之二

图2-59 杨宇琴设计作品之三

图2-60 杨宇琴设计作品之四

图2-61　谢珊珊设计作品之一

图2-62　谢珊珊设计作品之二

图2-63　谢珊珊设计作品之三

设计结合了戏剧服的一些具有代表性的符号和极具中国特色的国画元素，再融入现代解构的方式，使其符合现代人的时尚观念。

如图2-69和图2-70所示的作品采用了当下流行的简洁迷你轮廓，在结构上也改变了老式裁剪，给人新的视觉感受。细节上运用了邮票的边缘特征，在服装的表现上采用镂空与突出的肌理效果，采用虚实结合的手法，整体以白色为主基调与油画结合，达到中西合璧的效果。

如图2-71~图2-74所示的作品以空灵、简洁、自然、神秘诠释民族文化。完全可以与现代时尚相类比，以灰色为基调配以浅黄色数码印花，传达出一种民族化的国际时尚心态。

图2-64 吴琼设计作品

图2-65　张娟设计作品

图2-66　刘琼柳设计作品之一

图2-67　刘琼柳设计作品之二

图2-68　刘琼柳设计作品之三

图2-69 刘晗设计作品之一

图2-70 刘晗设计作品之二

图2-71 雷晓敏设计作品之一

图2-72 雷晓敏设计作品之二

图2-73 雷晓敏设计作品之三

图2-74 雷晓敏设计作品之四

第三部分

东方之路

将民族元素融入服装设计

服装设计最注重创新，需要不断地推陈出新，将民族元素融入服装设计是一个创造性的过程，不能生搬硬套、简单模仿。然而如何创造性地将民族元素融入到今天的时尚设计中，使时尚设计不只停留在漂亮外观的表象上，而是在时尚中融入民族传统文化的精神和意蕴，使设计作品具有民族的灵魂，为此，笔者认为首先要站在历史文化的角度来认识民族服饰，即对民族传统服饰文化进行解读，深入了解其文化内涵，领悟其中的文化精髓，在此基础上再学习民族服饰元素的借鉴方法。

一、历史的追问——民族服饰文化的解读

　　关于传统服饰文化，日本著名服装设计大师三宅一生曾说过："传统并不是现代的对立面，而是现代的源泉。"我们要寻求有本民族传统文化神韵的时尚设计，首先要潜心去研究我国民族古老的文化，从根本上去把握、思考它，而后才能以现代时尚的语言去诠释它。

1. 民族服饰与生存环境

　　无论哪个民族，都生活在一定的自然环境和生态关系中，不能不接受自然本能的制约。黑格尔曾指出："每种艺术作品都属于它的时代和民族，各有特殊环境，依存于特殊的历史和其他的观念和目的。"[1] 因而，研究各民族服饰，应联系相应的生存环境（包括自然生态环境、耕作方式等）来考察。由于各民族所处的自然环境的地理位置、天象气候、物产资源等的不同，有不同的生态关系和生产方式，他们对衣着的款式、制作、材料及图案色彩的选取，当然也会不一样，从而造就了各民族服饰鲜明的个性特征。

　　从自然环境和耕作方式的不同来看，各民族服装款式和材料上体现出很大的差异。如居住在松花江、黑龙江和乌苏里江沿岸的赫哲族、部分鄂伦春族和鄂温克族，自古以来靠渔猎为生，其服饰的材料往往是就地取材，以野生的鱼皮和牲畜皮毛为主（图3-1-1～图3-1-3）。《黑龙江志稿》载有赫哲人"居无室，尤喜捕鱼，衣服冬著鹿皮，夏著染色之答抹哈鱼皮"。赫哲族人的鱼皮服极有特色，鱼皮具有耐磨、轻便、不透水和不挂霜的特点，通常是选用三、四尺长的大马哈鱼、鲈鱼等，剥皮后，用木质的工具制成革，然后采摘一种植物，煮水染成紫红色、浅黄色或绿色，再剪裁缝制。妇女的鱼皮袍服受满族影响，上半身式样颇像旗袍，袍长过膝，腰身较为狭窄，下身

---

❶ 熊锡元. 民族特征论集. 南宁. 广西人民出版社，1987：3.

图3-1-2　鄂伦春族人用的皮质手套

图3-1-1　鄂伦春族人的服装材料以牲畜皮毛为主　　　　图3-1-3　鄂温克族人的皮靴

及底摆较为宽大，便于走动，袍服上绣有云纹、鱼尾纹、波浪纹等图案，或缝有用鹿皮剪好的动物图样作为装饰，古朴有趣。分布在内蒙古草原、青藏高原一带的蒙古族、藏族、哈萨克族、塔吉克族、裕固族、柯尔克孜族、达斡尔族等，他们均以畜牧为主要生活方式，通过蓄养和放牧牲畜来从自然界中获取衣、食、住、行所需的物质资料，与渔猎民族相比，他们制作服饰的原料更加丰富，其服饰多以牲畜的皮毛或经过不同程度加工的毛织品为原料，款式多宽松肥大、便于骑乘的以袍式为主的服装，基本结构是大襟、长袖、肥腰。不过，同是穿皮袍，藏族的皮袍穿着方式更独特，藏袍的袖长过膝，袍长至足踝，穿着时系腰袒右臂，怀中的空间可存放物品，还可裹护小孩。为适应青藏高原早中晚温差大的气候特点，白天阳光充足，可将两袖系在腰间，或露出一条臂膀，用以调节体温，晚上睡觉时，长袖作枕，长袍宛若睡袋。这种穿脱自如、增减随意、一衣多用的藏袍形成了藏族服饰的一大特征，更体现出与青藏高原生存环境的协调性（图3-2）。

图3-2　与青藏高原生存环境相协调的藏袍

图3-3-1　羌族人身穿的皮褂子适应山地昼夜温差大、晴雨无常的自然环境（刘天勇摄）

再看生活在气候寒冷的山区和半山区的农耕民族，如苗族、羌族、彝族、独龙族、傈僳族、普米族等，为适应山地昼夜温差大、晴雨无常的自然环境，一般都喜欢在日常的布、麻等衣服上，加披羊皮或羊皮披毡，穿皮褂子。羊皮和羊皮褂经过简单鞣制，毛柔皮硬，冷时毛向内，稍暖时毛向外；晴天毛朝里，雨天毛朝外（图3-3-1～图3-3-3）。披毡在川、滇凉山彝族中几乎不离身。它厚实宽大，可围拢裹住全身，也可打开作垫、盖，晴可遮日，雨可避水，日作披风，夜为被盖。怒族、独龙族喜披裹麻毯或棉毯，这与怒江峡谷的地理气候和物产有关。还有生活在海拔较低，气候温暖

图3-3-2　四川汶川黑虎乡羌族人服饰（刘天勇摄）

图3-3-3　羌族人在麻布衣衫外罩羊皮褂（刘天勇摄）

的河谷、坝区、丘陵、平地等地区的傣族、哈尼族、白族、壮族、瑶族、黎族、侗族、阿昌族、基诺族、水族等民族（图3-4），衣裙一般都较短，穿着的季节变化大多不是很大。上身主要着布衣加短褂，下身着裤或短裙，裙子式样较多，有百褶裙、筒裙等，喜着绑腿，绑腿防山林中的荆棘，也防毒虫；夏天防蚊虫叮咬，冬天可御寒保暖。

　　自然生态环境同样也影响着民族服饰的色彩和图案的选择。华夏民族在相当长的一段时期内，将黄色视为正色。帝王登基时穿黄色龙袍，皇后、宫娥的服色多为黄色，甚至老人谢世时，也要穿黄色寿鞋。他们将黄色推之为赤、橙、黄、绿、青、蓝、紫七色之至尊，这应该与黄土高原和黄河流域的哺育息息相关，是黄土地和黄河水给了华夏民族赖以生存、繁衍后代的条件，于是对黄土、黄河水的色

图3-4　生活在气候温暖坝区的白族服饰（刘天勇摄）

彩产生了一种特别的敬仰心理，从而通过服饰的色彩表现出来。自称"雪域主人"的藏族尚白，将洁白的"哈达"献给客人以示友好和尊重，应该是与常年生活在雪岭之域有关。在用水条件较差的某些山区民族中，服色多为色相沉着的青、褐色，耐污经脏；近水而居的傣族、白族等民族，服装色彩多鲜亮清爽；在热带地区生活的民族，衣裙用色

一般较艳丽大胆；寒带地区生活的民族，衣裙用色则多沉稳素雅。

民族服饰的图案选择，则可看出更多的意味。民间有不少关于各族图案来历的传说，有的便与该民族所处的特定的自然环境有关。水族妇女这样解释她们衣裤上的花边：很早以前，水族居住的地方，山高林密，杂草丛生，毒蛇经常出没。人们出去劳动，常被毒蛇咬伤。有位聪明的姑娘看见毒蛇吓人的花纹，也想出了一个吓蛇的办法，即在袖口裤脚和鞋子上，绣上许多道红红绿绿的花边。她穿上这样的花衣去深山密林中砍柴，果然把毒蛇吓跑了。云南彝族姑娘头上的鸡冠帽也反映了同样的内容，传说彝族祖先迁到一个青山绿水、土地肥沃的好地方，打算定居下来。不想这是蜈蚣王的地盘，它发动蜈蚣对人袭击，有个大哥路过该地，教人们大量养鸡，消灭了蜈蚣。人们感激鸡，就仿照鸡的样子，缝制了鸡冠帽让姑娘们戴上。这类服饰传说，从侧面反映出山林民族过去所处自然环境的某些情景：在毒虫遍地、荆棘丛生的"莽荒"之地，各族人民在辛劳地开拓。

此外，在各民族中，与他们朝夕相伴的自然万物，也都可以在他们眼里化为美丽的图案，使服饰散发着浓郁的乡土气息。如傣族人居住的地方大多是气候炎热的坝子河谷，接近北回归线，热带作物出产丰富，他们的服饰图案多采用当地的芭蕉花、红毛树花、大象、孔雀等动植物形象。这些图案使用历史久远，从一个侧面反映了傣族长期定居之地"孔雀之乡"的物候情况。民族服饰的图案，或多或少会透露出人与自然生态关系中的某些信息，在他们的古老传说和现实生活中，万物与人共存，人和万物相亲。依赖大自然得以生存的"自然民族"，希望自己和自然处于天然的和谐关系之中，这种历史悠久的民族生态观，无不反映在他们的服饰上面。

由此可见，各民族服饰之所以千差万别，与其所处的地理、气候、物产等自然生存环境的不同是分不开的。

2. 民族服饰与社会角色

每个人都要在群体结构或社会结构中充当一定的社会角色，特定的群体结构或社会结构又是由众多的社会角色组成的。为规范各种社会角色的观念和行为，服饰成为了一种直观的或象征的规范样式。不同样式的服饰规范可以界定人的性别、年龄、身份、阶级职能、权力、族群等各种角色。不同的角色通过一定的服饰穿着，实现自己的角色认同并进而实现文化认同。

（1）"阴盛阳衰"的性别特征

我国各民族服饰都有一个共同现象就是"阴盛阳衰"，女子服饰色彩斑斓，饰物丰富，而男子服饰相形见绌，简约朴素。众所周知，服饰的一个重要作用是区分男女，使男女有别，便于社会管理。男女服饰之别是服饰作为特定的礼仪文化约定的一种选择，这种选择是建立在男女阴阳之别、分工之别、生理之别和男女性别的价值观念基础之上的。如传统的"男主外，女主内"的生活模式。"主外"的男子为户外生产和骑射作战之便，服饰趋向于简便、精干，大多以宽肩、直线外轮廓造型为主；服饰的色彩单一，装饰和配饰不多，充分显示男性的勤劳与力量，服饰注重的是实用效果。"主内"的女子其服饰趋向

图3-5-1　布依族男子服饰

于"内务"风格，多有胸兜、围裙等类物。服装款式多样，饰物丰富多彩，装饰繁复细密，色彩明快强烈，充分显示女性的聪颖与灵巧，服饰注重装饰的审美效果（图3-5-1、图3-5-2、图3-6）。

图3-5-2　贵州凯里地区苗族男子服饰色彩单一，款式简洁（刘天勇摄）

图3-6　贵州凯里地区苗族女子服饰色彩艳丽丰富（刘天勇摄）

（2）指示性的身份年龄

　　社会角色不是固定不变、终生而一的，通常是一个人在不同年龄段需要根据特定情况而变换角色。许多民族的成员按其所在群体的规则和自己所处的年龄去规范自己的着装行为，因而便有童装、青年装、老年装和婚前婚后装等种种表明自己年龄和身份的服饰。如云南宁蒗永宁等地区的纳西族女子，在13岁前穿麻布长衫，不着裤子。满13岁时。则举行"穿裙子"礼，开始脱去长衫，换上右衽短衣，下穿百褶长裙，束花色腰带。穿裙子对纳西族女子来说，则是成年的一种标识。哈萨克族的未婚姑娘戴毛皮制作的圆顶帽，帽顶绣花，插猫头鹰羽毛，嵌有珠子等装饰品。姑娘出嫁时戴一种名叫"沙吾克烈"的尖顶帽，帽里用白毡衬托，帽外用绸缎或丝绒制作，面上绣花并用金、银、珠玉装饰，富丽堂皇，光彩照人。婚后一年之内，还戴这种帽子；一年之后，则换戴花头巾；生了孩子，再换戴一种叫"克米谢克"的头饰。许多民族一生不断地改变发式，同样用于标识其身份年龄。如朝鲜族女子孩提时梳耳垂之上的短发，头前面有刘海，后颈头发剃掉；少女时留长发，习惯分中缝，向头后梳成长辫，有单辫和双辫之分；婚后的少妇多绾髻于脑后；劳动时，中、老年妇女用洁白的毛巾包头，青年妇女则戴各色纱

巾。凉山彝族男子成年时，必须留统一发式，多蓄发结椎髻于囟门，谓之"天菩萨"。侗族姑娘出嫁，要将盘两个发髻的姑娘的标志取掉，换上绾一个平髻的发式。在改髻的当晚，要举行一个隆重的仪式。村上的姑娘、同族的嫂子、婶聚集来给新娘送行，一起唱"解髻歌"和"盘髻歌"。

（3）等级分明的冠服制度

人类社会自从有了贫富差距后就有通过利用服饰来划分等级的现象。汉代贾谊在《服疑》一文中写道："是以天下见其服而知贵贱，望其章而知其势位。"服者，即衣服的式样；章者，即衣服上的纹样图案。格罗塞在比较了原始社会和文明社会中服饰的变化后指出："在较高的文明阶段里，身体装饰已经没有了它那原始的意义。但另外尽了一个范围较广也较重要的职务：那就是担任区分各种不同的地位和阶级。"[1]阶级社会里的既得利益者为了保证自己对财富的长久占有，将自己与贫穷阶层加以区别，于是在服饰上对材质、款式色彩纹样等进行种种规定，使服饰形成一定的形制，直接反映人们的不同社会地位和等级尊卑。用冠服制度作为礼教文化的形式之一，在许多民族和过去时代都很常见。早在远古时期，我国就已制定了完善的冠服制度。《易·系辞》说："黄帝、尧、舜，垂衣裳而天下治，盖取乾坤。"夏商周时期，服饰成为一种"昭名分、辨等威"的工具，具有了特定的文化特质。从天子皇族、文武百官到庶人百姓，社会各阶层各有严格的服制，从服色、样式到纹样均有相应的规定，不得逾越。新中国成立之前，西南一部分少数民族中，特别是藏族服装的等级划分比较明显，藏族服饰图案中八个圆团金龙纹是官府中四品以上官员的专用图案；官员和贵族穿锦缎、丝绸和呢绒，冬季穿羔皮和裘皮；平民老百姓则穿棉布、毡、老羊皮等。普通僧民与僧官活佛的服饰差别也很大，反映了级别、教派等的差别。在西双版纳傣族中，过去曾有一套等级分明的冠服制度，最高领主"孟"级（包括其血亲）用丝棉绸缎，下面的属官"翁"级用细布，农奴只能用一般衣料。服饰的尊卑等级，尤以妇女衣着为显著。"孟"级女子的衣服花边可装饰三道花线边，筒裙可用金丝线织三道以上的彩圈，可以绣上金色龙凤；"翁"级女子衣服可装饰两道花线边，筒裙可镶绿线边，用银丝线织一至二道彩圈，绣以银色星星花纹图案；劳动妇女的衣服只能着一道花线边，筒裙禁用花线边。

（4）范式化的族群

西南少数民族中，有不少用服装色彩来区别不同群体和部落的情况，如清代典籍

❶ 格罗塞［德］. 艺术的起源. 北京：商务印书馆，1998：81.

中就把苗族按服装色彩不同而分为了白苗、红苗、黑苗、青苗、花苗等（图3-7-1、图3-7-2、图3-8～图3-10）。也有用款式来区别不同群体和部落情况的，如"长裙苗""短裙苗"。这种视觉上传达的范式化，清晰而明确地区分着族群。同一族群身着同一种类的服饰，通过色彩上、款式上的范式化，提出了与此相关的一系列的道德和行为规范，从而维持一个民族社会的、政治的、经济的、文化的乃至婚姻习俗等制度，强化了一个民族的凝聚力和向心力。

图3-7-1　清代《百苗图》中描绘的花苗服饰

图3-7-2　清代《百苗图》中描绘的花苗服饰

图3-8　清代《百苗图》中描绘的红苗服饰

图3-9　清代《百苗图》中描绘的白苗服饰

图3-10　清代《百苗图》中描绘的青苗服饰

3. 民族服饰与宗教信仰

宗教的英语为"religion"，是从拉丁语"re"和"legere"演变来的，原意是"再"和"聚集"的意思，是人们为了一个共同的目的聚集在一起，后引申为人们为同一信仰聚集到一起。"宗教属于一种世界观和意识形态，因此，它也是一种文化现象，是以虚幻方式反映社会现实生活的一种文化体系。"❶我国是一个多宗教的国家，56个民族的信仰也非常丰富，如傣、布朗、阿昌、景颇等族一部分人信仰小乘佛教；朝鲜、羌、彝、苗、瑶及滇西各少数民族中的一部分人信仰天主教或基督教；壮、瑶、白、彝、仫佬族中的一部分人信仰道教；维吾尔、哈萨克、柯尔克孜、回、塔吉克、撒拉等10多个民族信仰伊斯兰教；藏、蒙古、土、裕固等族信仰喇嘛教；满族和鄂温克族等中的一部分人信仰萨满教；此外，纳西、佤、侗、彝、黎、珞巴、畲、傈僳等30多个少数民族都有自己的原始宗教。还有些民族虽没有自己的原始宗教，但也都有各自的祖先和神灵崇拜，经常举行各种巫术活动。在进行宗教、祭祀和各种巫术活动时，巫师、主持人或领头人往往穿着最能显示本民族神灵崇拜特色的服饰，而这些服饰的款式、色彩、图案纹样等对该民族服饰往往有不同程度的影响。

（1）宗教服饰会展

法国心理学家杜克海姆发现人在群体中的行为与单个人时是有区别的。一群人在一起可以造成它的单个成员所不能产生的团结和热烈的气氛，并使人们做出在正常情况下做不出的事，因而在许多民族的社会生活中，祭祀和巫术活动是许多信奉宗教的少数民族生活中的盛典，同时也是各种奇异古怪服饰的一次集中会展。

珞巴族的宗教信仰是崇拜"万物有灵"的原始宗教。巫师"阿瓜"不仅主持宗教活动，还兼"巫医"的职务，在珞巴族的社会生活中占有重要地位。"阿瓜"在跳神时，穿戴很有特色，头戴一顶用虎头皮做成的帽子，用红、蓝、黄线束起来黄鹰尾挂在肩上，从脖子到臀部披一张宽20公分的虎皮，虎皮帽上挂一支鹰翅膀，插上虎须等物。手上戴着用红、蓝、黄线串着的珠子，腰上挂着一把长刀，刀鞘蒙着鹰的头皮。俨然是珞巴族威武勇敢的狩猎英雄的形象。巫师用这身装扮来突出自己驱邪赶鬼的非凡能力，在人心中留下"英雄"的印象，以此赢得众人的仰服。

羌族社会里代表人与神之间发生关系的巫师叫"端公"，也是集"祭司""魔法师"和"医生"几职于一身的特殊综合人物。端公祭神的服装崇尚白色，穿白外衣，罩羊皮褂，头戴"休匹儿"（猴皮帽），用金丝猴皮制成，上面饰有海螺、铜镜等。关于这顶"休匹儿"的来历有如下一段传说：端公的始祖叫阿伯锡勒释比，他在去西天取经回来的途中睡着了，醒来发现经书被白羊吃掉了，正痛哭之时，恰逢孙悟空路过这里，教了他一个办法，就是杀死白羊，羊皮制成鼓，一面敲击一面念记经典，经文就能念出

❶ 林耀华. 民族学通论. 北京：中央民族大学出版社，2005：455.

来了。锡勒释比一一照办,果然念出了全部经典。后来孙悟空死了,锡勒释比非常伤心,为纪念恩人孙悟空,祭神的时候总要戴着猴皮帽,不用经书,口念经文敲击羊皮鼓(图3-11)。

过去瑶族人常在天旱和丰收之后举行祭祀活动,他们认为龙是掌管雨水的神,所以,他们将龙作为祭祀之神,通过祭祀挥动和崇敬来获得龙的恩赐,以保风调雨顺。主持祭祀的师公服饰上,正面通常用黄、绿色丝线绣着两条长龙和鱼,背面分别绣着两条龙和犬以及数百个人物图像,衣摆处绣着山、水等图形,表明了人们心中的天、地、人三者之间的联系(图3-12)。

祭祀活动往往还伴随歌舞而行,人们在祭祀之余,还要穿着富有宗教意味的服饰进行各种娱乐活动。景颇族在祭祀中要为死者跳舞,作为对死者深切的悼念。"金再再"是最大型的舞蹈,有百余人加入。祭司穿的祭裙上画着红、黑色的图案,认为有驱鬼的作用,舞蹈人群中有两个裸体男子,身绘黑白花纹,担任警戒,表示防止恶鬼混入,其余舞蹈者敲打锣鼓、时而挥刀,时而呼叫,气氛热烈。祭祀舞中最高级的是"木代总",景颇族认为"木代"是财富、幸福和长寿神祇的化身,主演者头戴缀有羽毛的高帽,身穿长袍(图3-13)。为死者驱邪的舞蹈另有"龙洞戈",男持长刀,女持扇子和芭蕉叶,均穿景颇族的民族盛装,随着器乐节奏而舞。此外,傣族的孔雀舞、贵州苗族的跳月舞、云南彝族的羊舞、拉祜族的斗鸡舞、傈僳族的鸟王舞,以及各种傩舞等,都与原始先民的宗教祭祀活动有关。

图3-11 戴猴皮帽,穿祭神服饰的羌族巫师端公　　图3-12 瑶族师公服　　图3-13 景颇族祭祀舞的主演者"木代总"的服饰

（2）宗教习惯演变为服饰习惯

美国美学史家李斯托威尔指出："宗教虽然不等于艺术，但它对于艺术发展的影响，却是深刻的、无所不在的。"❶我国很大一部分少数民族信仰着不同的宗教，宗教除了有力地影响了这些少数民族的信徒们的政治、经济、艺术、文化及心理状态外，还在相当程度上影响了他们的服饰。一些宗教习惯慢慢变成了服饰习惯。

回族男子的传统服饰是以白色为主，戴白布平顶圆帽，也称"经帽"，这是原为教徒们做礼拜时戴的礼拜帽。白色象征圣洁，相传穆罕默德对伊斯兰教的教民们说："你们穿白色的衣服，它是你们最好的衣服。"经帽之所以没有帽檐，则是因为《古兰经》规定，伊斯兰教徒必须作"念、礼、斋、课、朝"五项功课，做礼拜叩头时额与鼻必须着地，因而回族男子大多戴无沿的小帽。经帽之所以呈圆形，也是根据《古兰经》不露顶的教义而定的。回族妇女大多戴盖头，回族称"古古"，盖头呈筒形，戴时从头上套下，披在肩上，盖住整个头部，遮着两耳，领下有扣，只剩面孔在外，长度一般垂及腰际。这也是受伊斯兰教教义的规定影响。《古兰经》将妇女的头发视为"羞体之一"，除了亲生父母、丈夫外，其他男子不得看见。如果谁把头发露在外面，就认为是失去"依玛尼"（信仰）（图3-14、图3-15）。

图3-14　回族戴白布平顶圆帽

图3-15　回族女子带头巾

在广西一些少数民族中，民间巫师在祭祀活动中都在胸前、手、脚等处系挂铃铛，当巫师祭神驱邪时，念咒语喃呓，手舞足蹈，身上佩戴的铜铃也就随之而有节奏地鸣响，从而增强宗教的神秘气氛。在旧时人们的眼中，巫师能通神语，知人意，是人与神之间的中间人。所以，巫师所使用的法具也就是一种灵物，具有驱邪避灾的作用。人们

❶ 李斯托威尔著，蒋孔阳译. 近代美学史评述. 上海：上海译文出版社，1980：120.

认为，将这种灵物佩戴于身，是可以驱邪护身的。所以，直到现在，广西部分瑶族妇女外出时，还将铜铃佩戴于身，既装饰了人体，又能驱邪。在原始民族的观念中，"人所使用过的物品，他穿过的衣服，他的武器，他的饰物，乃是他自身的一部分，乃是（或互渗为）他自己，正如他的唾液、指甲屑、头发、大便一样，尽管是在较小的程度上。某种东西通过他这个人转移到这些东西里面来了，而这些东西可说是成了他的人身的继续，从神秘的意义上说，这些东西今后就与他分不开了。"❶

藏族多信仰佛教，由于佛教的弘扬，佛教的影响渗透到藏族文化的许多方面，如绘画、建筑、舞蹈等，包括服饰。藏族服饰中的图案纹饰，很少有对现实图景的模仿和再现，多为抽象的几何图形。这种图形有一个明显的特点，即圆中有方，曲中有直，封闭重于连续，圆点弧形胜于直角方块。这也表现了佛教的"圆通""圆觉"的理性精神。此外，藏族人还把宗教中的"六字真言""吉祥八宝""双鹿法轮"等众多的宗教文字、符号用于藏族传统服装的图案以及配饰的造型中（图3-16-1、图3-16-2）。

图3-16-1　西藏喇嘛

图3-16-2　西藏布达拉宫

萨满教是近存的晚期原始宗教之一，曾广泛流行于我国北方许多民族，如满、蒙古、鄂伦春、哈萨克、赫哲、达斡尔等民族。萨满教的巫师称作萨满，萨满的服饰充满了神秘的色彩，也对信奉萨满教的各族人民产生了极大的影响（图3-17）。我们从北方少数民族服饰上多多少少能窥见萨满教的遗迹。如北方诸族萨满的衣服多为紫红色，这和他们崇拜火神有关，他们认为，火神是幸福和财富的赐予者，并具有镇压一切邪恶的功能。蒙古族姑娘爱在头上扎红色或金黄色的绸带，婚礼中的新娘所穿的蒙古袍为粉红色，甚至面纱和盖头也都是红色的。达斡尔男子穿的大襟长袍衣领部分、袖口部分有很宽的滚边，绣着一些莫名的图案，衣领以下的右斜襟有宽襟边，用多道浅色条布组成；

❶ 列维·布留尔. 原始思维. 北京：商务印书馆，1981：318.

达斡尔妇女穿的右衽大襟长袍，衣边和袖管都镶有宽窄两道边饰，宽条在里层，深色，上绣美丽的小花，似乎吸收了萨满神衣的某些纹饰。鄂伦春族妇女的帽子与鄂伦春族萨满头上的珠状饰物，其形状也极为相似。

4. 民族服饰与传统节日

绝大多数民族都有自己独特的传统节日，如彝族人要过火把节，傣族人喜欢过泼水节（图3-18），苗族有姊妹节、踩鼓节、芦笙节等，土家族的跳马节、白族的三月街节、壮族的拜山节……每逢佳节，或盛大歌舞，或男女对歌，或饮酒作乐，或赛芦笙，或祭拜祖先，参加节庆活动的男女老少，都要身着最漂亮、最华贵的民族服饰，招摇过寨，串亲走户。这类节日庆典中的服饰可不是家常服饰的简单照搬，而是经过了精心的艺术加工，无论是用料的选择、色彩的明艳、饰物的精美，都要比平日的服饰更集中、更典型化，因而民族特色也更为浓烈。

图3-17　赫哲族萨满服饰

图3-18　傣族泼水节

苗族的传统节日，无不是苗族人盛装的展示会。每逢农历二月十五日的姊妹节，不论男女老少都要穿上最隆重的服饰出场，但以年轻姑娘为主，她们穿上色彩艳丽的华贵衣裙，佩戴银光闪闪的银帽、银角、银花、银衣等银饰品，以展示自己的美貌和富有，如果服装绣制精致、银饰繁复，就会获得人们的称赞和羡慕，姑娘们在节日活动中，通过对歌交朋友，看中某一男青年时，即将自己精心绣制的服饰品，如花带、背牌作为信物，赠送给对方，许多有情人终成眷属，皆是这节日和服饰的功劳。苗族人把这种节庆期间穿着的服饰称作盛装，平时盛装是珍藏起来的，到节日时才将它取出，到芦笙场前才将盛装换上，节日过后即刻脱下，将其保存好。在贵州台江、施洞、雷山等地区，盛装的绣花极为精致，一套盛装百褶裙的褶多达500多个，银饰有50多种，用银达8000克，往往耗费一户苗家毕生的财力。充分说明了苗族人的盛装对于节日的重要性。

彝族人崇拜火、尊敬火，每年农历六月二十四或二十五要举行盛大的火把节。在彝族山寨，到了火把节之夜，村村寨寨都要竖起一个高丈余的大火把，各家的小火把放在大火把周围，以示团结齐心。火把节来临，人们要穿上节日盛装，围着火把唱歌跳舞，夜晚举着熊熊燃烧的火把，绕住房和田边地头巡游，边走边唱，火把与火把相连，形成条条火龙，蔚为壮观，这样的仪式通常会通宵达旦。与火把节遥相呼应，彝族节日服饰上也到处绣有火纹样，如云南石屏、峨山地区彝族女子衣服全身以红色调为主，其肩头、衣袖及衣下摆处常绣着精美的火焰纹样；巍山彝族妇女的帽子上缀着火花似的花球，小孩穿"火花"鞋；凉山彝族服饰上的主体纹样是火镰纹。火把节也是彝族男女青年选择情侣的节日，人们在节日里接触、认识以及谈情说爱，因此，节日期间隆重的服饰也是彝族人们展现美的方式，受到普遍重视（图3-19）。

景颇族人农历正月十五以后的第九天要过目脑节，目脑是"大伙跳舞"的意思。目脑盛会极为壮观，也是一次盛大的服饰表演。欢庆的人们要围绕圆形场地跳舞。参加盛会的景颇男子跳起长刀舞，他们一色白上衣、白包头，包头的两端扎成垂肩的英雄结，并缀有彩色小绒球和图案花边；腰系镶银的刀鞘，手持精美的长刀；肩挎银饰彩包，一个个英姿焕发，舞步矫健。盛装的女子头戴红帽子，身穿一色的红筒裙，紧身黑上衣缀着几十个闪光的银泡和银坠；手持彩帕、花扇、花伞；颈脖上挂着好几个闪光的银链和银项圈，耳朵上戴银耳筒，手臂上戴银手镯。银光闪闪，光彩照人（图3-20）。目脑节要延续三至六天，盛装的服饰加上人们多姿多彩的歌舞使得节日在欢乐的气氛中达到高潮。

图3-19 彝族火把节上盛装服饰的人们

图3-20 景颇族目脑节上盛装的姑娘们

从以上的概述可以看出，民族服饰的形成有着深厚的历史渊源和丰富的文化底蕴，民族服饰得以长期保存和延续至今，也是因为根植在深厚的民族文化沃土中。我们从民族文化中可以看到民族服饰存在的广阔空间。当我们将民族服饰元素运用到现代时尚设计中时，是不能忽视其中的文化内涵的，解读民族服饰文化，感受民族文化内涵影响下的不同服饰美，是服装设计者的基本素养之一，有助于设计水平的提高。

二、汲古创新——民族服饰元素的借鉴

历史在发展，"越是民族的就越是国际的"这个论断也在不断发展。我们对民族风格的时尚设计的认识不应是对襟、立领、盘扣、刺绣、印染、编织、绸缎等元素的堆砌，民族元素的再现只是外化的具象的"形"，真正需要抓住的是民族文化抽象的"神"，这是一个打破和再创造的过程，打破民族服饰中不适应现代生活的样式和服装结构，突破我们对民族服饰的具象认识，抽离出民族元素的本质精神，将民族元素符号进行再创造，是民族服饰元素借鉴的一种方式，最终目的是设计出既有时尚感又有文化底蕴的现代服装。

1. 造型结构的借鉴

造型结构是服装存在的条件之一。服饰的造型又分为整体造型和局部造型。整体造型即服装的外形结构，也是服装外轮廓线形成的形体（简称廓形），它是最先进入人视觉的因素之一，常被作为描述一个时代服装潮流的主要因素，因为服装的廓形是服装款式变化的关键，对服装的外观美起到至关重要的作用。局部造型即指服装的领、袖、襟线、口袋、腰带、裤腿、裙摆褶裥等部位细节的变化。我国民族服饰不论是整体造型还是局部造型，都十分丰富，但均有规律可循，就是绝大多数民族服饰的造型属于平面结构，平面结构服装的裁剪线简单，大多呈直线状，其表现效果是平直方正的外形，主要依靠改变服装款式的长短、宽窄、组合方式、穿着层次来进行造型。从形式感的角度来分析，值得借鉴的有对称与均衡、变化与统一、比例与尺度、夸张与变形、重复与节奏等方式。

（1）对称与均衡

对称与均衡源于大自然的和谐属性，也与人心理、生理及视觉感受相一致，通常被称为美的造型原理和手段用于具体的服装设计。

对称的形式历来被当作一种大自然的造化类型而遍布于大大小小的物象形态之中，

这些物象形态包括树的枝叶排置、花的分布分瓣、自然界各种动物的形态构造，以及人的四肢、五官、骨骼的结构设置等，都显露出对应完美的对称态势。大自然中这些对称形式适应各自环境下的生存需要，体现出整个宇宙间普遍存在的一种规律。严格来讲，对称是一定的"量"与"形"的等同和相当，任何物体形象中的"物理量"和"视觉量"的分配额，以及其"内在结构"和"外在形态"的分布，所涉及的重量、数量、面积的多少，即决定了对称的程度。因此有绝对对称和相对对称之分。

绝对对称在服装上具有明显的结构特征，是以一条中轴线（或门襟线）为依据，使服装的左右两侧呈现"形量等同"的视觉观感。具有端庄、稳定的外形，视觉上有协调、整齐、庄重、完美的美感，也符合人们通常的视觉习惯。均衡也可以称为相对对称，但它不是表象的对称，它更多体现在视觉心理的感受方面，是一种富于变化的平衡与和谐。表现在服装上同样是以中轴线（或门襟线）为准，通过服装左右两侧的不同布局达到视觉的平衡，追求的是自由、活泼、变化的效果（图3-21、图3-22-1~图3-22-7）。

图3-21 "相对对称"的服装

在各民族服饰中，对称与均衡的造型结构形式随处可见，前者端庄静穆，有统一感和规律感，后者生动灵活，有动感（图3-23）。在设计中要注意把对称与均衡形式有机地结合起来并灵活运用。如图3-24-1~图3-24-3所示的是我国著名设计师梁子的"天意"时装，服装造型就借鉴了民族服饰的对称与均衡形式（图3-25）。

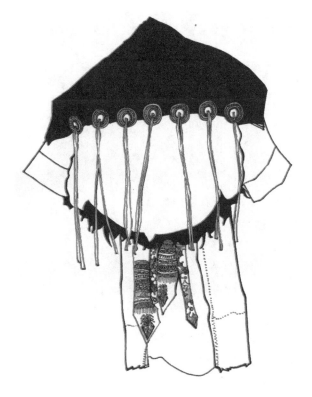

图3-22-1 对称造型的纳西族服饰平面展开图
（正面）

图3-22-2 对称造型的纳西族服饰平面展开图（背面）

图3-22-3 对称造型的贵州安顺苗族服饰平面展开图

图3-22-4 对称造型的佯家服饰平面展开图

图3-22-5 相对对称造型的彝族服饰平面展开图

图3-22-6 对称造型的蒙古族服饰

图3-22-7 对称造型的彝族服饰平面展开图

图3-23　侗族服饰（刘天勇摄）

图3-24-1　梁子的"天意"时装在款式上借鉴了民族服饰的"对称"形式

图3-24-2　梁子的"天意"时装在款式上借鉴了民族服饰的"对称与均衡"形式

图3-24-3　梁子的"天意"时装在款式上借鉴了民族服饰的"对称与均衡"形式

图3-25 借鉴民族服饰中对称与均衡形式的设计（设计师：吴琼）

（2）变化与统一

变化与统一又称多样统一。世间万物本来就是丰富多彩和富有变化的统一体。在服装中，变化是寻找各部分之间的差异、区别，有生动活泼和动感。统一是寻求各部分之间的内在联系、共同点或共有特征，给人以整齐感和秩序感。在服装设计中，局部造型和形式要素的多样化，可以极大地丰富服装的视觉效果，但这些变化又必须达到高度统一，使其统一于一个主题、一种风格，这样才能形成既丰富，又有规律，从整体到局部都形成多样统一的效果。如果没有变化，则单调乏味和缺少生命力；没有统一，则会显得杂乱无章，缺乏和谐与秩序。

民族服饰中服装、围腰、头饰、包袋、鞋、绑腿的运用通常都有着统一的款式和风格、统一的色彩关系，统一的面料组合，但各部分又呈现出丰富的变化和差异，这种在统一中求变化，在变化中求统一的方式是服装中不可缺少的形式美法则，使服装的各个组成部分形成既有区别又有内在联系的变化的统一体（图3-26）。

现代服装设计中可以借鉴这种方式，在统一中加入部分变化，或者把每一个有变化的部分组合在一起，寻找秩序，达到统一（图3-27~图3-29）。

（3）比例与尺度

服装的造型结构通常包含着一种内在的抽象关系，就是比例与尺度。比例是服装整

图3-26 贵州宰岑苗族服饰

图3-27 胡晓青作品之一

图3-28 胡晓青作品之二

图3-29 胡晓青作品之三

体与局部及局部与局部之间的关系，人们在长期的生产实践和生活活动中一直运用着比例关系，并以人体自身的尺度为准，根据理想的审美效果总结出各种尺度标准。从美学意义上讲，尺度就是标准和规范，其中包含体现事物本质特征和美的规律。也就是说，服装的比例要有一个适当的标准，就是符合美的规律和尺度。早在两千多年前的古希腊，数学家毕达哥拉斯就发现了至今为止全世界公认的黄金比例（1∶1.618），并作为美的规范，曾先后用于许多著名的建筑和雕塑中，也为后来的服装设计提供了有益的参照。

和谐的比例能使人产生愉悦的感觉，它是所有事物形成美感的基础。在很多民族服饰上多有体现，他们一般是根据和谐适当的比例尺度，将服装［诸如上衣、下裳（裤）、袍衫等］的长短、宽窄、大小、粗细、厚薄等因素，组成美观适宜的比例关系。如傣族、彝族、朝鲜族妇女的衣裙的比例关系很明显：上衣一般都比较窄小，裙子则较长，这种比例尺度，使她们的身材显得修长和柔美。我们可以借鉴这种方式，将其适当地运用在现代服装设计上，可以获得丰富的款式变化和良好效果（图3-30）。如图3-31所示，借鉴了蒙古族传统服饰的款式，注重各个组成部分的比例和结构，服装造型的帽饰上很明显保留了蒙古族服饰的特点，却又具有现代的形式语言。

（4）夸张与变形

夸张多用于文学和漫画的创作中，主要是扩大想象力，增强事物本身的特征。它是一种化平淡为神奇的设计手法，可以强化服装的视觉效果，强占人的视域。夸张不仅是把事物的状态和特征放大（也包括缩小），从而造成视觉上的强化和弱化。在民族服饰中，造型上的夸张很常见，通常还结合可变形的手法。如苗族有的支系头饰造型十分夸张，贵州西江、丹江地区的苗族头上戴的银角高约80厘米，远远望去仿佛顶着银色的大牛角，有着摄人心魄的魅力。又如纳西族妇女身上的"七星披肩"、藏族喇嘛帽、广西瑶族夸张的大盘头、贵州重安江僙家女子的"戎装"服饰、贵州施洞地区苗族女子的银花衣、云南新平地区花腰傣的超短上衣和造型夸张奇特的裙子等，这些少数民族非常善于采用夸张与变形的手段来塑造服饰的形象，突出其民族特点，也由此形成丰富多样的造型（图3-32、图3-33）。

图3-30 四川西昌地区彝族服饰（刘天勇摄）

图3-31 蒙古族服饰造型借鉴设计作品

图3-32 广西瑶族女子的尖盘头造型

图3-33 云南新平地区花腰傣的超短上衣和造型夸张奇特的裙子（刘天勇摄）

现代服装设计借鉴夸张与变形的方式，能获得更多新的视觉冲击。如图3-34所示的模特前胸直至下摆处夸张的造型打破了人一贯的思维，给简单平淡的服饰增添了无限意趣。

图3-35的作品借鉴了少数民族服饰元素，经过大胆夸张与变形的手法，给人以强烈的视觉冲击力。

图3-34　夸张与变形手法的借鉴　　　图3-35　英国圣马丁艺术学院2013届毕业设计作品（设计师：李雪）

（5）重复与节奏

重复在服装上表现为同一视觉要素（相似或相近的形）连续反复排列，它的特征是形象有连续性和统一性。节奏原意是指音乐中交替出现的有规律的强弱、长短现象，是通过有序、有节、有度的变化形成的一种有条理的美。在服装造型中重复性为节奏准备了条件。

民族服装中重复与节奏的表现也很多，这是民族服饰变化生动的具体表现方法之一，如连续的纹样装饰在服装上的重复排列，形成了强烈的节奏感。装饰物的造型在服装上左右、高低的重复表现也是节奏感产生的重要手段（图3-36）。借鉴这种手段，可以让单一的形式产生有规律、有序的变化，给视觉带来美感享受。如图3-37所示，模特所穿的裙子下摆处装饰纹样呈递进关系重复排列。

图3-36　服装上的重复与节奏形式（刘天勇摄）　　　图3-37　模特裙子下摆处连续的纹样重复排列，形成了强烈的节奏感

2. 色彩图案的借鉴

民族服饰色彩图案作为一种设计元素，绚烂而多彩，可以说是一个有着极其丰富资源的宝库，也是被设计师们借鉴得最多的因素。总体来说，民族服饰中的色彩大多古朴鲜艳、浓烈、用色大胆、搭配巧妙；图案更是形式多样，异彩纷呈。对民族服饰色彩图案的借鉴，主要有两种方法。

（1）直接运用法

这是在理解民族服饰色彩图案的基础上的一种借鉴方法。即直接运用原始素材，将色彩图案的完整构成形式或局部形式直接用于现代服装设计中。这种借鉴方法方便实用，但要注意把握三个方面。首先，在运用之前要仔细解读该图案在原民族服饰上的文化内涵及色彩的象征意义，尽量做到与现代时尚感的和谐统一。其次，直接运用的图案要考虑在服装上的位置安放，因为有的民族图案适合作边饰，有的适合安放在中心位置，有的适合作点缀，总之一定要找准该图案在现代服装上最适合的位置。最后，直接运用某一民族图案的时候，要根据服装的整体色彩再调整该图案的色彩，很可能有的图案适合目前设计的款式，但原色彩过于浓艳与强烈，或过于沉稳与暗淡，不适合该款式或潮流，这时候就需要保留图案形式而改变色彩关系。这三方面特别是对于初学者来说是必不可少的，它有利于深化对图案的认识和理解。

在NE·TIGER 2008年高级华服系列发布会上，设计师张志峰的礼服设计作品中，大面积借鉴了民族传统服饰的色彩和图案，服装面料的色彩艳丽浓烈，再运用民族传统刺绣图案作点缀，给人以强烈的视觉冲击力。如图3-38所示，红色的礼服裙有着很强的引力，将视觉吸引并集中的是模特前胸处的小面积刺绣图案，图案完整，正好适合安放在前胸的中心位置，并保留了原有的传统色彩。又如图3-39和图3-40所示的同样是这个系列的服装设计，设计师均巧妙地在结构款式时尚的礼服裙上融合了传统元素，充分地演绎出二者的和谐统一关系。再有图3-41，模特的前胸处装饰是一项苗族银帽，苗族的银帽图案精致繁复，装饰性很强，设计师梁子大胆地"移植"在服装上做装饰点缀，可以说是创造性地而又"直接"运用了民族元素。

图3-38 服装面料的色彩艳丽浓烈，再运用民族传统刺绣图案作点缀，给人以强烈的视觉冲击力

图3-39 时尚的礼服裙上融合了传统民族元素

图3-40 设计师均巧妙地在结构款式时尚的礼服裙上融合了传统元素，充分地演绎出二者的和谐统一关系

（2）间接运用法

间接运用是在吸取文化内涵的基础上，抓取其"神"，是一种对民族文化神韵的引申运用。也就是在原始的色彩图案符号中去寻找适合现代时尚美的新的形式和艺术语言。如以借鉴图案符号为主，对民族图案所形成的独特语言加以运用，可以做局部简化或夸张处理，也可以打散、分解再重构，产生与原始素材有区别又有联系的作品。如以色彩借鉴为主，即对民族图案所具有强烈的个性色彩借鉴用于现代设计中，设计中的其他方面，如构成、纹样、表现形式又以创作为主，产生既有现代感又有民族味道的设计作品。

我国著名设计师梁子的"天意"时装中，就大量借鉴了民族色彩和图案元素。图3-42中模特身穿的贴身吊带衣，黑色面料上有银白色的传统图案，图案没有民族服饰中那般绚丽丰富，也没有民族服饰上那般完整表现。仅仅用单纯的银白色在黑色面料上无规律地展现，简洁而时尚，巧妙地抓取了民族文化的神韵。

图3-41　模特胸前的装饰是设计师创造性地运用了民族元素

图3-42　"天意"时装上民族图案的借鉴

3. 工艺技法的借鉴

民族服饰的工艺技法也可以作为一种设计元素运用在现代服装设计中。民族服饰工艺技法的借鉴可分为以下两方面：一方面是面料制作工艺技法的借鉴；另一方面是服饰装饰工艺技法的借鉴。

（1）面料制作工艺技法的借鉴

民族服饰的服装面料基本都是当地人们全手工制作完成的，是为适应该地的生产和生活方式而产生的，典型的有如哈尼族、基诺族、苗族等许多少数民族的土布；羌族、土家族、畲族的麻布；侗族、苗族的亮布；苗族、僮家人的蜡染面料；白族、布依族的扎染面料；藏族的毛织面料；鄂伦春族、赫哲族的皮质面料，等等。这些都是与其民族周围环境相协调，与生产劳动相适应的面料，具有民族的独特乡土气息和朴素和谐的外观，也有其独特的制作工艺。

通常一匹传统民族手工布料的完成要经过播种、耕耘、拣棉、夹籽、轧花、弹花、纺纱、织布、染布、整理等过程（图3-43、图3-44-1、图3-44-2、图3-45-1～图3-45-3、图3-46），这种传统工艺在我们今天看来，制作工序复杂、生产效率低，但由于原料和染色工艺都具有无可比拟的优点而受到人们的重视。因为民间几乎所有的染色原料都来自于不同种类的植物和动物材料，当地民族遵循着几千年来基本相同的方法，用各种植物和树木的根、茎、树皮、叶子、浆果和花等来上色，所以它们的原料是可以再生的，不会对人体有害，有时候还利于人体健康。另外，染整工艺的化学反应温和单纯，与大自然相协调，和环境具有较好

图3-43　纺纱（马春霞摄）

图3-44-1　民间手工织布（马春霞摄）

图3-44-2　织布工艺（鲁汉摄）

的相容性。因此，在当前呼吁环保、重视生态平衡的时代，民族服饰面料工艺技法是非常值得借鉴的（图3-47）。

图3-45-1　染布（刘天勇摄）

图3-45-2　染布（刘天勇摄）

图3-45-3　染布（刘天勇摄）

图3-46　染色后进行晾晒（刘天勇摄）

图3-47　借鉴传统染整工艺的现代扎染围巾

图3-48　梁子用新开发的莨绸面料制作的设计作品

对于传统面料工艺技法的借鉴有两种方法，一种是完全按照传统工艺技法进行制作；另一种方法是在传统工艺技法的基础上进行改进。尽管民族传统面料具有保暖、干爽、透气、抗菌、无污染等健康环保的优点，但也有着一些与现代生活不协调的缺点，因为民族服饰的面料工艺制作毕竟是一项家庭作坊式的手工劳动，天然染料会因为季节、产地、染色等诸多因素的限制和影响而染出色彩差异的织品，使面料呈现出不均匀的外观，会因此而降低生产效率和生产质量。所以，为适应现代服装设计的需求，必须在此基础上考虑改良，使新面料既保持原有的天然外观和物理优势，又提高面料质量和生产效率。

目前服装设计界对传统面料工艺的借鉴的成功案例首推香云纱，香云纱是我国广东佛山地区的一种传统纱绸面料，也叫"莨绸"，相传明朝时期就在顺德、南海一带开始生产"莨绸"。其制作工艺非常独特，需要在特殊的时间段太阳光的照射下，将含有单宁质的薯莨液汁和当地淤泥涂封在桑蚕丝上面，才能让面料呈现出一面呈蓝黑色，另一面呈棕红色的效果。香云纱在20世纪四五十年代曾是广东、港澳一带的时髦时装衣料，目前也只有很少几个厂家保存着这一传统工艺。我国著名时装设计师梁子在这种传统工艺的基础上进行了改良，结合现代生活的时尚需求，经过现代化的手段加工处理，设计开发出新的"莨绸"，结束了莨绸五百多年来一直只有蓝黑色、棕红色两种颜色的历史，她将新的莨绸运用于现代时装设计获得了巨大成功，为服装界开辟了一个新的里程（图3-48）。

（2）服饰装饰工艺技法的借鉴

民族服饰的装饰工艺多种多样，有缝、绗、绣、抽、钩、剪、贴、缠、拼、扎、包、串、钉、裹、黏合、编等几十种技法。这些装饰工艺都是全手工完成，在各民族服饰上运用非常广泛，有的是在实用的基础上进行装饰，有的就纯粹是为了装饰，体现出一种独特的民族审美情趣。

不管这些装饰工艺技法如何丰富，不同的民族在掌握同一技法上都有粗犷与精细、繁复与简洁之分，在掌握不同技法上也各有所长。有的民族是多种技法综合运用。不同的装饰工艺技法可以表现出不同的装饰效果，就是同样的装饰工艺技法也可以表现出不同的装饰效果。如同样是"平绣"装饰工艺，黔东南施洞苗族人就运用极细的并破成几缕的丝线来表现，四川汶川的羌族人就运用较粗的腈纶线来表现，所以前者风格细腻精致，后者风格粗犷大气。再如同样是用"缠"的装饰技法，在具体运用时，缠的方向、方式方法的不同会形成不同的装饰效果。还有同样的"缝""绗"，针距的长短，线迹的方向、多少也会呈现不同的装饰效果……我们学习借鉴这些工艺技法，就要在熟练掌握各装饰工艺的技法特点和表现手段的基础上，突破具体的工艺表象，抽离出其本质精神，运用现代、时尚的语言表达出来。例如，借鉴许多少数民族喜爱的"缠"的工艺技法的时候，要知道各民族缠的方式方法各有不同，我们不能机械地去照搬某一民族的技法，而是要找出"缠"的规律，提取"缠"这种民族装饰工艺所表现出来的精神本质，这种本质即民族的意境内涵，是真正打动人的东西，也是借鉴的最高境界。

我国民族服饰中，制作百褶裙的皱褶处理工艺也非常值得一提，西南地区的少数民族多穿百褶裙，传统的百褶裙是用手缝针一针一线抽褶完成，通过缝制线迹进行抽褶，完成后要将抽好褶的裙子捆绑起来，裙腰和裙摆处用腰带扎紧，穿的时候再打开，就形成了挺直、自然而又富有弹性的百褶裙。了解和熟悉这类工艺对现代设计有很大帮助（图3-49～图3-52）。

图3-50 制作完成后的百褶裙之一（苗族）

图3-51 制作完成后的百褶裙之二（苗族）

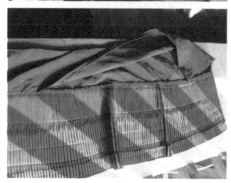

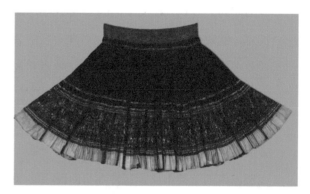

图3-49 百褶裙的皱褶处理工艺（苗族）　　　　图3-52 制作完成后的百褶裙之三（苗族）

　　下例中短裙的腰部以下的部分借鉴了特殊的民族传统服饰浆压褶的工艺手段，塑造出立体空间造型的百褶裙，朴实的传统技艺得以展现（图3-53、图3-54）。

　　民族传统的配饰装饰工艺很盛行，工艺技术也非常精湛，从古至今保持了鲜明的民族艺术风格和特色。很多民族在配饰的装饰上投入了家里全部财力，有的民族甚至把配饰看得比衣服还重要，哈尼族、苗族、藏族、蒙古族、裕固族等民族女子头上、身上的

图3-53 "无用"巴黎高级时装周发布会上的作品之一　　图3-54 "无用"巴黎高级时装周发布会上的作品之二

饰品源源超过了一套服装的价值。这些配饰材料大多为天然的玛瑙、绿松石、红珊瑚、银等，通过民间匠人一系列手工加工制作而成（图3-55～图3-63）。

　　单一的民族配饰装饰工艺在作为现代主题呈现时，设计师应当考虑随着当下社会审美需求的变化而做转移，现代社会的热点问题和流行趋势在工艺发展中作主要取向。图3-64中的男装体现了现代服饰的一大热点——服装的中性化，它不仅体现在女士的

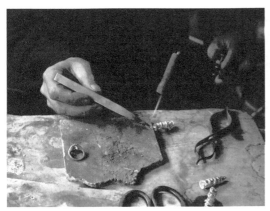

图3-55　贵州西江地区银饰品制作工艺

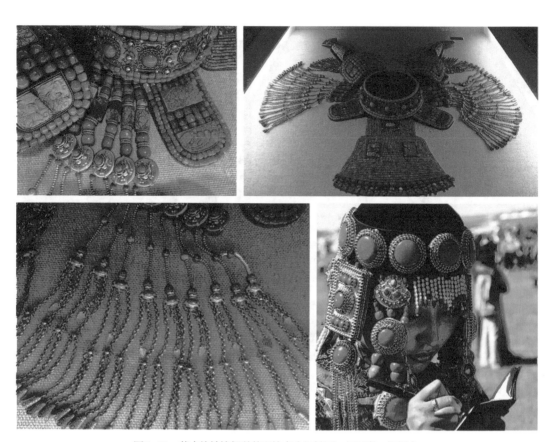

图3-56　蒙古族姑娘佩戴的配饰多由绿松石、红珊瑚、银组合

图3-57　蒙古族姑娘佩戴的配饰

图3-58　藏族姑娘佩戴的配饰

图3-59　瑶族姑娘佩戴的银挂饰

图3-60　苗族姑娘服装上银饰装饰繁多

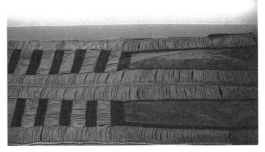

图3-61　台湾高山族泰雅人的贝衣

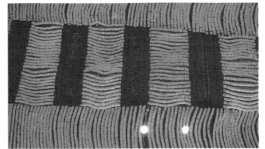

图3-62　台湾高山族泰雅人的贝衣细节

图3-63　塔吉克族银胸饰

着装上以代表女性社会地位的提高，在男装上更是表现得淋漓尽致，图中男装不再运用传统意义上的上衣面料，而是在民族配饰工艺的技术上加以结构的元素，类似中国康巴藏族的项链，在胸前占据一大片位置，展现了设计师别具一格的创新手法。

工艺除了上述几种外还有很多，这些传统手工艺手段运用到现代服装设计中时，工艺手段装饰的部分与没有装饰的部分形成了繁简的对比，这些装饰的部位变成了视觉中心，提高了服装的观赏性，可以从这些工艺中选取适合现代审美或机器化大生产的种类，进行工艺改革。在时尚界，民族服饰工艺在现代服装上的运用也从未间断过，设计师们必须对民族工艺有充分的了解，并与现代服装的实用性和审美观相结合，使设计更具现代文化感。如图3-65所示为我国著名设计师吴海燕的设计作品，设计师巧妙地结合了民族传统装饰工艺技法，如同苗族女子头上那夸张的发饰、如同山寨少数民族颇具原始野性的项链，这种强烈的民族风格的设计为服装增添了无限的意趣。

图3-64　在民族配饰工艺的技术上加以结构设计元素的男装设计

图3-65　民族风格的现代时装设计作品（设计师：吴海燕）

从图3-66的高级时装设计作品中，不难看出其中运用了中国民族服饰的装饰工艺方法，裙摆周边一排细细的串珠做装饰，在衣服或者裙摆边缘装饰细小的饰边，模特佩戴悬垂的大耳环，多层项圈和各种颈饰，与中国传统民族服饰异曲同工，如出一辙。

2009年11月，中国设计师梁子在充分理解和吸纳羌族刺绣的基础上，将羌绣工艺技法融入到现代时装设计，成功举办了一场名为"羌绣良缘"的时装发布会。这是民族服饰装饰工艺技法的成功借鉴，梁子为了使羌绣技法更加"原汁原味"，她还请来几位四川羌族妇女亲自在她的设计作品上进行手工绣制，将羌绣工艺技法在现代时尚圈内演绎得美轮美奂、淋漓尽致，备受时尚界好评（图3-67～图3-69）。

综上所述，民族服饰为现代服装设计提供了诸多的设计元素，只要每个有心的设计者创造性地运用传统民族服饰里的设计要素，使服装设计不流于表面而深入民族文化与民族风格的精髓，就能衍生成独特的现代服装设计。

图3-66 具有民族风情的高级时装设计作品

图3-67 羌族妇女在为梁子的设计作品进行绣制

图3-68 梁子的"羌绣莨缘"高级时装
设计作品之一

图3-69 梁子的"羌绣莨缘"高级
时装设计作品之二

参考文献

[1] 钟茂兰编著. 民间染织美术. 北京：中国纺织出版社，2002.

[2] 左汉中编. 民间印染画布. 长沙：湖南美术出版社，1994.

[3] 叶又新著. 山东民间蓝印花布. 济南：山东美术出版社，1986.

[4] 杨正文著. 苗族服饰文化. 贵阳：贵州民族出版社，1998.

[5] 黄钦康编著. 中国民间织绣印染. 北京：中国纺织出版社，1998.

[6] 戴平著. 中国民族服饰文化研究. 上海：上海人民出版社，2000.

[7] 粘碧华著. 刺绣针法百种. 台湾：雄狮美术，2003.

[8] 邓启耀著. 民族服饰——一种文化符号. 昆明：云南人民出版社，1991.

[9] 许平著. 造物之门. 西安：陕西人民美术出版社，1998.

[10] 余强等著. 西南少数民族服饰文化研究. 重庆：重庆出版社，2006.

[11] 王连海编著. 民间刺绣图形. 长沙：湖南美术出版社，2001.

[12] 杜钰洲主编. 中国衣经. 上海：上海文化出版社，2000.

[13] 杨源编著. 中国民族服饰文化图典. 北京：大众文艺出版社，1999.

[14] 钟茂兰编著. 少数民族图案教学与设计. 石家庄：河北美术出版社，1998.

[15] 龙光茂编著. 中国苗族服饰文化. 北京：外文出版社，1994.

[16] 安正康，蒋志伊，于信之编著. 贵州少数民族民间美术. 贵阳：贵州人民出版社，1991.

[17] 南通市工艺美术研究所，中国民间文艺研究会南通分会编. 南通蓝印花布纹样. 北京：中国民间文艺出版社，1986.

[18] 中国民族图案艺术. 长春：吉林科学技术出版社，1990.

[19] 左汉中. 民间刺绣挑花. 长沙：湖南美术出版社，1994.

[20] 左汉中. 民间织锦. 长沙：湖南美术出版社，1994.

[21] 左汉中. 民间印染花布图形. 长沙：湖南美术出版社，2000.

[22] 吕胜中主编. 广西民族风俗艺术. 南宁：广西美术出版社，2001.

[23] 民间美术. 武汉：湖北美术出版社，1999.

[24] 格罗塞著. 艺术的起源. 北京：商务印书馆，1998.

[25] 邓启耀著. 衣装秘语. 成都：四川人民出版社，2005.

[26] 叶涛主编. 民俗研究. 济南：山东教育出版社，2005.

[27] 马蓉编著. 民族服饰语言的时尚运用. 重庆：重庆大学出版社，2009.

[28] 程志方，李安泰主编. 云南民族服饰. 昆明：云南民族出版社，云南人民出版社，2000.

[29] 吴仕忠等编著. 中国苗族服饰图志. 贵阳：贵州人民出版社，2000.

[30] 李昆声，周文林主编. 云南少数民族服饰. 昆明：云南美术出版社，2002.

[31] 华梅著. 中国服装史. 天津：天津人民出版社，1991.

［32］潘定智等编. 苗族古歌. 贵阳：贵州人民出版社，1997.

［33］周梦. 民族服饰文化研究文集. 北京：中央民族大学出版社，2009.

［34］Sophie Guo果果著. 巴黎时尚密语. 北京：中国纺织出版社，2009.

［35］华梅，王鹤著. 玫瑰法兰西. 北京：中国时代经济出版社，2008.

［36］谢锋著. 时尚之旅. 第2版. 北京：中国纺织出版社，2007.

［37］袁仄著. 人穿衣与衣穿人. 上海：中国纺织大学出版社，2000.

［38］袁仄，胡月编著. 世界时装大师. 北京：任命美术出版社，1990.

［39］张海容编著. 时空交汇——传统与发展. 北京：中国纺织出版社，2001.

［40］陆启宏著. 波希米亚——源远流长的前沿时尚. 上海：上海世纪出版股份有限公司，上海辞书出版社，2006.

［41］华梅主编，要彬，曹寒娟编著. 服饰与时尚. 北京：中国时代经济出版社，2010.

［42］胡月著. 轻读低诵穿衣经. 上海：中国纺织大学出版社，2000.

［43］王晓威编著. 服装图案风格鉴赏. 北京：中国轻工业出版社，2010.

［44］服装图书策划组编. 设计中国——成衣篇. 北京：中国纺织出版社，2008.

后记

本人对于民族服饰在服装设计领域的学习研究源于在四川美术学院的服装设计本科学习，记得大一时候第一次到藏区写生，就对藏族和羌族服饰产生了浓厚的兴趣，用相机拍了不少照片，一直保存到现在，大二时候到云南采风，接触了更多的少数民族服饰，看到身着少数民族服饰的当地人，那种兴奋与激动到今天都依然保持着，这是源于内心真正的喜爱，这也是我后来坚持这条道路的一个重要原因吧。2002年起师从四川美术学院教授余强先生攻读硕士研究生，在导师的引导下，我开始专注于对少数民族服饰艺术的研究，本着对传统民族服饰的热爱，十几年来，我只要一有机会就会到少数民族地区采风，收集到大量的第一手服饰资料。

2005年硕士研究生毕业后，在青岛大学服装设计系担任服装设计等诸多课程的教学工作，在这里我首次开设了民族服饰课程，取得了较好的教学成果，但同时，在教学过程中我也遇到了各种各样的问题与困难，我觉得非常有必要把采风的资料和笔记整理好出一本书，经过两年努力，2010年，我和同事王培娜合作完成了第一本关于民族服饰和服装设计结合的书，该书名为《民族·时尚·设计——民族服饰元素与时装设计》，这本书里整合了多年采风的第一手资料和教学实践，因为篇幅的限制，还忍痛删除了不少资料，五年后，编辑告诉我们该书已销售一空，需要再版，我和王培娜老师经过长时间的讨论研究，决定来个较大的改动，并结合市场需要，再出一本新书，新书的书名就这样诞生了，本书的内容也是在之前这本书的基础上的修改与补充，在撰写过程中，我们尽量精简了对民族服饰形式理论冗长的论述，精选了更好的图片，希望在服装设计教学中能更具参考价值。虽然我们非常认真地撰写了此书，但个人能力和学识所限，难免有疏漏，敬请读者批评谅解。

在书稿付梓之前，我要感谢化学工业出版社一直以来的支持。同时感谢所有帮助过我们的老师和同事们，感谢为本书提供作品的学生们！

刘天勇

2018年春于青岛